Academic Map of Safety & Security Science
(Thermal Explosion Volume)

安全科学学术地图
（热爆炸卷）

李 杰　冯长根　甘 强　李生才　著

安全科学学术地图，带您遨游安全科学世界。
Academic Map of Safety & Security Science dedicates to helping you understand the development and structure of the safety and security science.

北京理工大学出版社
BEIJING INSTITUTE OF TECHNOLOGY PRESS

内容简介

热爆炸是安全科学领域的重要分支之一,对热爆炸现象、理论、方法以及技术的关注由来已久。自1928年谢苗诺夫开创热爆炸理论以来,热爆炸经历了90余年的研究与发展。本书采用学术地图的方法,对热爆炸研究的科学文献进行了可视化分析,全面勾勒了全球热爆炸的研究产出、研究热点以及知识基础等内容。

本书可作为安全科学与工程、爆炸科学与技术、工程热物理等专业领域的研究学者、高年级学生的参考书,亦可作为相关科研管理和决策部门的参考资料。

版权专有 侵权必究

图书在版编目(CIP)数据

安全科学学术地图. 热爆炸卷 / 李杰等著. -- 北京:北京理工大学出版社,2022.6
ISBN 978-7-5763-1391-8

Ⅰ. ①安… Ⅱ. ①李… Ⅲ. ①安全科学-研究②热爆炸-研究 Ⅳ. ①X9②O38

中国版本图书馆 CIP 数据核字(2022)第 102756 号

出版发行 /	北京理工大学出版社有限责任公司
社　　址 /	北京市海淀区中关村南大街 5 号
邮　　编 /	100081
电　　话 /	(010)68914775(总编室)
	(010)82562903(教材售后服务热线)
	(010)68944723(其他图书服务热线)
网　　址 /	http://www.bitpress.com.cn
经　　销 /	全国各地新华书店
印　　刷 /	北京地大彩印有限公司
开　　本 /	710 毫米 × 1000 毫米　1/16
印　　张 /	8.5
插　　页 /	4
字　　数 /	130 千字
版　　次 /	2022 年 6 月第 1 版　2022 年 6 月第 1 次印刷
定　　价 /	86.00 元

责任编辑 /	曾　仙
文案编辑 /	曾　仙
责任校对 /	刘亚男
责任印制 /	李志强

图书出现印装质量问题,请拨打售后服务热线,本社负责调换

顾问委员会

柴建设	生态环境部核与辐射安全中心
陈伟炯	上海海事大学
程卫民	山东科技大学
傅　贵	中国矿业大学（北京）
高　伟	大连理工大学
郭晓宏	首都经济贸易大学
胡双启	中北大学
贾进章	辽宁工程技术大学
姜传胜	中国安全生产科学研究院
蒋军成	南京工业大学
景国勋	安阳工学院
李开伟	台湾中华大学
李乃文	辽宁工程技术大学
李树刚	西安科技大学
李思成	中国人民警察大学
廖光煊	中国科学技术大学
刘　潜	原中国劳动保护科学技术学会
刘铁民	中国安全生产科学研究院
潘　勇	南京工业大学
潘旭海	南京工业大学
钱新明	北京理工大学
申世飞	清华大学
宋守信	北京交通大学

宋英华	武汉理工大学
田水承	西安科技大学
汪　箭	中国科学技术大学
王　成	北京理工大学
王志荣	南京工业大学
吴　超	中南大学
吴仁彪	中国民航大学
吴宗之	国家卫生健康委员会职业健康司
张和平	中国科学技术大学
张来斌	中国石油大学（北京）
赵云胜	中国地质大学（武汉）
周福宝	中国安全生产科学研究院
周允基	香港理工大学
周西华	辽宁工程技术大学
朱　伟	北京科学技术研究院
邹树梁	南华大学
Ahmed Mebarki	法国巴黎东大学
Aleksandar Jovanovic	塞尔维亚诺维萨德大学
Andrew Hale	荷兰代尔夫特理工大学
Genserik Reniers	荷兰代尔夫特理工大学
Georgios Boustras	欧洲塞浦路斯大学
Goerlandt Floris	加拿大戴尔豪斯大学
Hans Pasman	美国德州农工大学
Ludo Waltman	荷兰莱顿大学
Nees Jan van Eck	荷兰莱顿大学
Paul Swuste	荷兰代尔夫特理工大学
Pieter van Gelder	荷兰代尔夫特理工大学
Valerio Cozzani	意大利博洛尼亚大学

支持单位

北京理工大学 爆炸科学与技术国家重点实验室
荷兰代尔夫特理工大学 安全科学研究所
《安全与环境学报》编辑部

基金资助

本研究得到了国家自然科学基金（51904185，51874042）的支持。

报告概要

为全面深入认识热爆炸的学术研究态势，本研究以库恩科学哲学理论为基础，以科学计量学的共现理论作为数据分析原理，结合网络分析、聚类分析以数据可视化等方法技术，系统地、完整地勾勒了热爆炸研究演进的路径，绘制了热爆炸研究学者学术地图、热点主题学术地图以及知识基础的学术地图。

在学者维度的学术地图分析中，对热爆炸研究中产出和合作活跃的学者进行了分析。热爆炸的科学研究经过长期的发展，已经形成了若干学术团队。热爆炸早期的基础理论研究以苏联科学研究院（包括 Semenov N N、Frank-Kamenetskii D A 以及 Merzhanov A G 等）、英国利兹大学（主要包括 Boddington T、Gray P 以及 Feng C G（冯长根）等）为代表。随着热爆炸研究的不断发展，热爆炸的核心研究学者已经转移到我国。目前，我国学者所进行的热爆炸研究已经成为国际规模最大和活跃的研究群落，主要集中在热爆炸的实验研究中。在我国的学者中，以来自西安近代化学研究所和西北大学的胡荣祖、赵凤起、宋纪荣等学者为代表，该研究所的主要研究基础来自几位早期留苏的学者；来自北京理工大学的核心学者主要为冯长根、张同来、杨利、张建国等，这一支热爆炸研究队伍与来自西安的学者建立了密切的合作关系。

在主题维度的学术地图分析中，对热爆炸研究的热点主题、趋势、影响进行了分析。结果显示，热爆炸研究主要集中在四个方面，分别为"#1 热爆炸理论基础""#2 热合成""#3 含能材料、晶体结构与热行为""#4 热分解"的研究。在整个主题群中，目前研究最为活跃的主题主要位于"#3 含能材料、晶体结构与热行为"中，涉及的关键词主要有有机金属框架、性能、呋咱、热力学、爆轰特性、配合物等。热爆炸研究中最具影响的主题群分布在"热合成"领域，涉及的高被引关键词主要有反应合成、陶瓷复合材料、致密化、钛镍、镍铝化物等高频主题。

  在文献维度的学术地图分析中，对热爆炸整个时间跨度内代表性论著的分布、知识基础与研究前沿之间的映射关系进行了分析。在热爆炸研究中，这些代表性的论著为热爆炸的发展做出了重要贡献。这些论文时间序列特征直接反映了热爆炸研究和发展中的若干重要节点。在具有代表性的论文中，来自苏联的 Semenov N N（1928）开创了热爆炸理论，其学生 Frank – Kamenetskii D A（1939）进一步推进和发展了热爆炸理论。Merzhanov A G、Thomas P H 以及来自英国利兹大学的 Gray P 等学者的研究成果进一步完善了热爆炸理论。热爆炸理论的研究在20世纪80年代末已经基本完成，之后热爆炸研究的核心从理论转向了实验与应用阶段，国际热爆炸的核心成果的产出也从苏联、欧美转向了中国。在当前热爆炸的关注分布在"晶体结构"和"热行为"的实验研究中，并主要受到 Kissinger H E（1957）、Ozawa T（1965）、Zhang T L（1994）、Hu R Z（2001，2008）等知识基础文献的影响。

  综上，本研究对热爆炸从作者、主题以及文献层面的演进分析，系统地从不同方面呈现了热爆炸研究的态势和演化，对热爆炸学术共同体认识和进一步发展和研究热爆炸理论与实践有重要的参考价值。

关键词：热爆炸；学术地图；共现分析；合作网络；共词网络；突发性探测

目 录

1 概述 ·· 1
  1.1 研究背景 ·· 1
  1.2 数据来源 ·· 4
  1.3 研究内容 ·· 8
  1.4 理论支撑 ·· 10
    1.4.1 库恩科学哲学理论 ·· 10
    1.4.2 知识单元共现理论 ·· 11
  1.5 基本术语 ·· 14
2 热爆炸领域学者的学术地图 ·· 17
  2.1 引言 ·· 17
  2.2 数据与方法 ·· 18
  2.3 热爆炸中的施引作者分析 ··· 19
    2.3.1 作者产出的统计分布 ·· 19
    2.3.2 作者来源的地理分布 ·· 22
    2.3.3 作者的合作网络分析 ·· 26
  2.4 热爆炸作者被引分析 ·· 33
    2.4.1 作者被引的统计分布 ·· 33
    2.4.2 作者共被引网络分析 ·· 39
  2.5 本章小结 ·· 43
3 热爆炸热点主题的学术地图 ·· 45
  3.1 引言 ·· 45

3.2　数据与方法 …………………………………………… 46
　　3.3　热爆炸热点主题聚类 ………………………………… 49
　　3.4　热爆炸主题趋势与影响 ……………………………… 57
　　　　3.4.1　热爆炸主题趋势分析 ………………………… 57
　　　　3.4.2　热爆炸主题影响分析 ………………………… 59
　　3.5　本章小结 ……………………………………………… 62
4　热爆炸知识基础的学术地图 …………………………………… 65
　　4.1　引言 …………………………………………………… 65
　　4.2　数据与方法 …………………………………………… 66
　　4.3　知识基础与聚类分析 ………………………………… 69
　　4.4　研究演化与新兴趋势 ………………………………… 88
　　4.5　本章小结 ……………………………………………… 91
5　总结与展望 ……………………………………………………… 93
附录1　热爆炸研究中的高被引施引文献 ………………………… 97
附录2　热爆炸研究中的高被引参考文献 ………………………… 108
参考文献 …………………………………………………………… 119

1 概　述

■ 1.1　研究背景

热爆炸是指在一个自热系统中,自热过程未被控制,导致系统在达到点火条件后出现点火(有些场合表现为起燃或起爆)的现象(冯长根,1988)。对热爆炸的研究,实质上就是对放热现象和特征规律的研究。客观世界时刻都在以热力学第二定律运行,放热系统无处不在。化工厂的反应釜、核电厂的反应堆以及各种各样的含能材料都在发生着放热过程,为人们的生产生活提供支持。热爆炸理论与实践的研究,对于人类生产和生活意义重大。

科学界对热爆炸现象的研究经历了漫长发展历程,并取得了一系列开创性的成果(见表 1-1)。1880 年,Mallard E 等发表的论文首次考虑了热量作为点火的起因,是最早涉及热爆炸的科学研究。在此基础上,van't Hoff J H 于 1884 年在其著作《化学动力学》中考虑了反应产生的热和散失的热。1913 年,法国的 Taffanel C 和 Le Floch J 给出了清晰的热图,这标志着热爆炸近代理论的萌芽(冯长根,1988)。当然,热图的出现并不等于热爆炸理论的形成。1928 年,苏联化学家谢苗诺夫(Semenov N N)独立地画出了"热图",并从"热图"出发,通过热产生和热损失速率曲线的切点和切点的数学表达,推导了热爆炸界限的定量的判据,开创了热爆炸理论(Semenov,1928)。

Semenov N N 的研究成为热爆炸科学形成的基础，为后续热爆炸理论甚至实践的研究奠定了基础。在 Semenov N N 的基础上，他的博士生 Frank - Kamenetskii 进一步发展和完善了早期的热爆炸理论，形成了后来的 Frank - Kamenetskii 热爆炸理论。在相近的年代，来自英国利兹大学的学者也开始了热爆炸理论的研究。随着热爆炸研究的不断发展，目前热爆炸的理论研究已经完成，关于热爆炸的实践与应用成为当前科学研究的主流。

表 1-1 热爆炸的早期发展历程（冯长根，2015）

作者	年份	期刊/图书	贡献描述
Mallard E, Le Chatelier H L	1880	*Comptes Rendus de l'Académie des Sciences de Paris*	最早期的考虑热量作为点火起因的文献
van't Hoff J H	1884	*Etudes de Dynamique Chimique, Amsterdam*	考虑了反应产生的热和散失的热
Taffanel C, Le Floch J	1913	*Comptes Rendus de l'Académie des Sciences de Paris*	提出了"热图"
Semenov N N	1928	*Zeitschrift für Physik*	用数学解决了热图中反应生热曲线和散热直线的切点，提出了点火的判据，开创了热爆炸理论。均温系统（$Bi=0$），对 Arrheniw 项采用指数近似，不考虑反应物消耗

续表

作者	年份	期刊/图书	贡献描述
Frank-Kamenetskii D A	1939	*Zhurnal Fizicheskoi Khimii*	修正了 Semenov 理论中关于均温的假定，提出了"温度各点不同"理论，创立了 Frank-Kamenetskii 理论。非均温系统（$Bi \to \infty$），对 Arrheniw 项采用指数近似，不考虑反应物消耗
Thomas P H	1958	*Transactions of the Faraday Society*	用毕渥数 Bi 统一了 Semenov 理论和 Frank-Kamenetskii 理论。非均温系统（$0 \leqslant Bi < \infty$），对 Arrheniw 项采用指数近似，不考虑反应物消耗
Gray P, Harper M J	1959	*Transactions of the Faraday Society*	考虑了起爆延滞期

如上所述，热爆炸研究中一代又一代学者的科研成果积累，为热爆炸科学的建立、传承、发展与创新发挥了重要作用。目前，热爆炸相关领域的"大厦"已经建立，但是这座"大厦"是如何一步步建立起来的？在不同时代主要有哪些学者参与建设并发挥重要作用？热爆炸主要由哪些研究主题领域和热点组成，在时间维度上的热爆炸研究主题存在哪些差异？哪些研究成果为热爆炸研究发挥了"地基"的作用，并如何影响后来的研究？本研究将使用学术地图的方法和技术对以上相关问题进行分析和研究。

1.2 数据来源

在科学计量中，索引型数据库被广泛应用于领域知识挖掘与分析。目前，最具代表性的国际索引数据库为科睿唯安的 Web of Science (WoS) 和爱思唯尔的 SCOPUS。两者都为商业性的索引型数据库，在收录数据的回溯时间、数据质量和更新频率上都要优于非商业性的数据库。相比而言，Web of Science 收录数据在权威性、准确性上要更胜一筹。特别是其经历了漫长的发展历史且在持续不断地更新中，该数据库在科学计量学领域具有很高的声誉和认可度。

Web of Science 诞生于 1957 年美国科技情报专家加菲尔德博士创建的美国科技信息研究所，其主要业务是将国际上的学术期刊经过筛选后，进行索引编辑和出版，以服务于科学研究。这项工作为后来科学引文数据库（SCI 数据库）的产生奠定了基础，也成为科学计量学发展的基石。在后来的发展中，Web of Science 经历了多次业务调整和转型。1997 年，汤森路透公司接手了美国科技信息研究所的业务，整合了 Science Citation Index（科学引文索引）、Social Science Citation Index（社会科学引文索引）以及 Arts & Humanities Citaion Index（艺术与人文引文索引）。2016 年，Onex 公司与霸菱亚洲投资基金收购了汤森路透公司旗下涉及知识产权的业务（包含了整个 Web of Science 平台），并将公司命名为 Clarivate Analytics（科睿唯安）。虽然经过了多次转型，但 Web of Science 一直在持续发展，并持续为学术界的科学计量和领域知识挖掘提供服务。因此，在本研究中，首选 Web of Science 收录的热爆炸研究论文为数据样本进行挖掘和分析。

在数据检索时，用户登录 Web of Science 的核心数据集，将子数据库限定为 SCI 数据库，并构建相应的检索式即可。本研究以"热爆炸（Thermal Explosion）"为检索词进行主题检索，并设定条件排除了文献类型为 Early Access 的论文。最后，从 Web of Science 的 SCI 数据库中共获得 1 791 篇被 SCI 收录的热爆炸研究论文。

在 Web of Science 核心合集中，采集的数据包含除了研究论文正文之外的所有题录信息。图 1-1 列举了 Web of Science 中论文的主要索引字段。例如，在本研究的热爆炸数据集中，将文档作者信息用"AU"进行标记。类似地，在采集的 WoS 文本中，用"CR"表示研究论文的参考文献、"AB"表示论文的摘要、"C1"表示论文的地址信息。在本研究中，研究提取的数据字段来源分别为 CR 字段、AU 字段以及 DE 和 ID 字段。在对数据的分析中，软件将依据字段的标记来提取相应的信息。

```
3  VR 1.0
4  PT J
5  AU Chen, XJ
6     Peng, X
7     Zhang, PL
8     Sun, BX
9  AF Chen, Xiujuan
10    Peng, Xi
11    Zhang, Penglin
12    Sun, Bingxue
13 TI Thermal explosion synthesis of LiFePO(4)as a cathode material for
14    lithium ion batteries
15 SO RESEARCH ON CHEMICAL INTERMEDIATES
16 LA English
17 DT Article
18 DE Lithium ion batteries; LiFePO4; TE; Cathode materials
19 ID COMBUSTION SYNTHESIS; COMPOSITE
20 AB Olivine-type LiFePO(4)cathode material was successfully synthesized by a simple method of thermal
      explosion (TE) using hexamethylenetetramine (C6H12N4) as fuel. The crystalline phase, morphology and
      particle size of powders were characterized by X-ray diffraction, scanning electron microscope, particle
      size analyzer and transmission electron microscope measurements. And the electrochemical properties were
      investigated by galvanostatic charge-discharge tests and electrochemical impedance spectroscopy. The
      results indicated that the samples synthesized by TE showed an olivine crystal structure with space group
      Pnmb. In addition, both structure and particle size could be adjusted by the amount of C(6)H(12)N(4)and the
      heat treatment temperature in the TE. When the amount of C(6)H(12)N(4)was 30 wt%, the heat treatment
      temperature was 800 degrees C and the particle-size distribution fell in a range of 300-400 nm.
      Electrochemical tests indicated that the LiFePO(4)sample synthesized in such conditions, without additional
      carbon coating and cation doping, shows a discharge capacity of 110.4 mAh g(-1)and an excellent capacity
      retention rate of 87% after 50 cycles at 1 C.
21 C1 [Chen, Xiujuan] Lanzhou Univ Technol, Sch Mech & Elect Engn, Lanzhou 730050, Peoples R China.
22    [Peng, Xi; Zhang, Penglin; Sun, Bingxue] Lanzhou Univ Technol, State Key Lab Adv Proc & Recycling
      Nonferrous Met, Lanzhou 730050, Peoples R China.
23 RP Chen, XJ (corresponding author), Lanzhou Univ Technol, Sch Mech & Elect Engn, Lanzhou 730050, Peoples R
      China.
24 EM chenxj@lut.cn
25 CR Chen ZY, 2015, ELECTROCHIM ACTA, V186, P117, DOI 10.1016/j.electacta.2015.10.143
26    Chi ZX, 2014, RSC ADV, V4, P7795, DOI 10.1039/c3ra47702a
27    Churikov A, 2014, IONICS, V20, P1, DOI 10.1007/s11581-013-0948-4
28    Dahbi M, 2012, J POWER SOURCES, V205, P456, DOI 10.1016/j.jpowsour.2012.01.079
29    Huang Y, 2015, J POWER SOURCES, V284, P236, DOI 10.1016/j.jpowsour.2015.03.037
30    Jin X, 2016, SOL ENERG MAT SOL C, V146, P16, DOI 10.1016/j.solmat.2015.11.027
31    Kreder KJ, 2015, CHEM MATER, V27, P5543, DOI 10.1021/acs.chemmater.5b01670
32    Liang HY, 2013, RUSS J ELECTROCHEM+, V49, P960, DOI 10.1134/S1023193513150019
33    Naik A, 2015, MATER SCI-POLAND, V33, P742, DOI 10.1515/msp-2015-0087
34    Ren L, 2015, RARE METALS, V34, P731, DOI 10.1007/s12598-013-0126-x
35    Sehrawat R, 2015, IONICS, V21, P673, DOI 10.1007/s11581-014-1229-6
36    Talebi-Esfandarani M, 2014, J APPL ELECTROCHEM, V44, P555, DOI 10.1007/s10800-014-0675-1
37    Wang Q, 2013, J ALLOY COMPD, V553, P69, DOI 10.1016/j.jallcom.2012.11.041
38    Yang YF, 2014, MATER CHEM PHYS, V143, P480, DOI 10.1016/j.matchemphys.2013.10.003
39    Zhang CH, 2014, J ALLOY COMPD, V627, P91, DOI 10.1016/j.jallcom.2014.12.067
40    Zhao T, 2015, RARE METALS, V34, P334, DOI 10.1007/s12598-013-0186-y
41 NR 16
42 TC 0
```

图 1-1 Web of Science 数据结构（部分）

图 1-2 展示了 1935—2020 年热爆炸论文的年度产出分布情况。从论文产出的时间分布趋势不难得出，热爆炸研究论文数量整体呈增长趋势。从分段时序的分布上来看，1990 年之前的热爆炸研究论文数量的增长相对缓慢，各年度产出论文的数量都比较少。在这一时期，对热爆炸的研究还处于理论研究阶段，热爆炸的理论问题在该阶段逐步得到解

决。在 1990 年以后，热爆炸研究论文的数量增长显著。在热爆炸理论问题逐渐明晰之后，以实验为主导的热爆炸研究和应用得到快速的发展，热爆炸研究的人员规模也在这个阶段不断壮大。

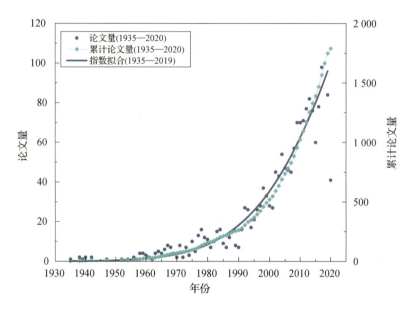

图 1-2　热爆炸研究论文的产出趋势

期刊是热爆炸研究成果刊载的主要载体，承担着热爆炸研究知识传播的任务。在本研究采集的数据中，热爆炸研究刊载在 543 种期刊上，期刊载文量的分布如图 1-3（a）所示。其中，发文量不小于 5 篇的 73 种期刊组成的聚类图如图 1-3（b）所示。图中，节点越大，则对应期刊上刊载的热爆炸研究论文越多。从刊载热爆炸研究的期刊分布研究可知，载文量排名前 10 的期刊虽然期刊总数量仅占 1.84%（10/543），但其载文量达到了总样本的 29%（见表 1-2）。这 10 种主要刊载热爆炸论文的期刊分别为 Combustion Explosion and Shock Waves（《燃烧、爆炸和冲击波》，159 篇）、Combustion and Flame（《燃烧与火焰》，85 篇）、Journal of Thermal Analysis and Calorimetry（《国际热分析及量热学杂志》，79 篇）、Journal of Hazardous Materials（《有害物质杂志》，34 篇）、Journal of Loss Prevention in the Process Industries（《工业过程损失与预防杂志》，34 篇）、Russian Journal of Physical Chemistry B（《俄罗斯物理化学杂志》，27篇)、Chinese Journal of Chemistry (《中国化学》，26篇)、Doklady Akademii Nauk SSSR (《俄罗斯科学院院刊》，26篇)、Propellants, Explosives, Pyrotechnics (《推进剂、炸药、烟火》，25篇)以及Combustion Science and Technology (《燃烧科学与技术》，24篇)。

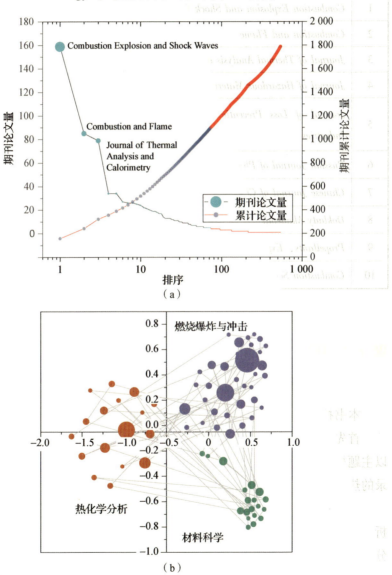

图1-3 热爆炸研究的期刊分析

(a) 期刊载文量分布；(b) 聚类图

表 1-2　热爆炸论文数据的主要来源期刊

序号	期刊	论文量	占比/%	2021年影响因子
1	Combustion Explosion and Shock Waves	159	8.88	0.946
2	Combustion and Flame	85	4.75	4.185
3	Journal of Thermal Analysis and Calorimetry	79	4.41	4.626
4	Journal of Hazardous Materials	34	1.90	10.588
5	Journal of Loss Prevention in the Process Industries	34	1.90	3.660
6	Russian Journal of Physical Chemistry B	27	1.51	0.823
7	Chinese Journal of Chemistry	26	1.45	6.000
8	Doklady Akademii Nauk SSSR	26	1.45	—
9	Propellants, Explosives, Pyrotechnics	25	1.40	1.887
10	Combustion Science and Technology	24	1.34	2.174

1.3　研究内容

本书按照图 1-4 所示的流程对热爆炸的学术地图进行绘制和分析。

首先，在确定"安全科学学术地图（热爆炸卷）"的研究目的后，以主题检索为数据采集策略，从 Web of Science 采集了被 SCI 数据库收录的热爆炸研究论文。

其次，在获取数据后，建立本地数据库，并启动数据的初步分析。在数据的初步分析阶段，原始数据存在大量需要人工清洗的部分，本研究通过建立词集来进行清洗。对数据进行清洗是一个循环的过程，通常需要经过至少 2 轮（或 3 轮）的数据预分析和数据处理才能达到满意的程度。

1 概述

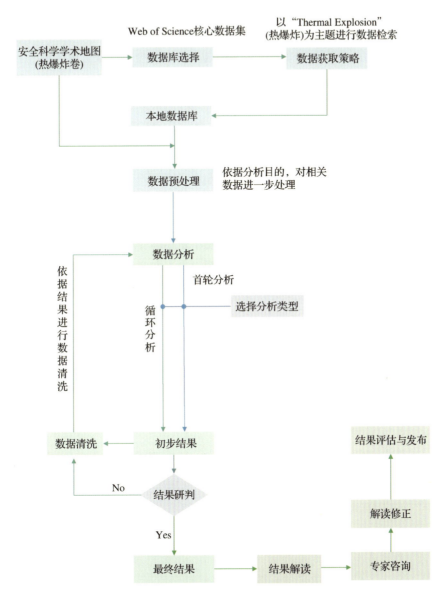

图1-4 "安全科学学术地图（热爆炸卷）"研究流程

最后，对清洗后的数据进行分析，并对结果进行初步判读。以初步结果为基础，咨询专家进一步求证和完善，以得到最终结果。

本研究在图1-4所示流程的基础上，按照下面的章节安排来展开研究。

第1章：前言。本章对热爆炸学术地图绘制的背景、数据来源、研究内容、理论支撑以及基本术语进行简述。

第2章：热爆炸领域学者的学术地图。本章对热爆炸研究中的学者从施引和被引两个维度来进行深入分析。施引作者的分析主要是对热爆炸研究中产出活跃的作者进行分析，被引作者的分析主要是对热爆炸研究中高被引作者及其知识结构的分析。最后，在时间维度上，对作者层面热爆炸研究的演化进行分析。

第3章：热爆炸热点主题的学术地图。本章主要借助热爆炸施引文献中所包含的关键词，来对热爆炸研究的热点、主题趋势和影响特征进行分析，以分析和讨论热爆炸研究主题层面的学术演进特征。

第4章：热爆炸知识基础的学术地图。本章提取和分析了热爆炸研究过程中的高影响力论文，并基于高影响力论文绘制和分析了热爆炸研究在文献层面的共被引网络及其演化特征，以从文献层面揭示热爆炸研究的演化特征。

1.4 理论支撑

1.4.1 库恩科学哲学理论

人类的科学研究进程是在前人的基础上不断继承和发展的过程，正如牛顿所说："如果我看得比别人更远些，那是因为我站在巨人的肩膀上"。换句话说，正是因为学术研究演进的客观存在性，才使得科学的发展能够在"巨人的肩膀上"实现突破。美国知名的科学哲学家托马斯·塞缪尔·库恩在1962年出版的《科学革命的结构》中就对科学演进的这种规律在哲学层面上进行了研究与讨论，认为科学的发展实际上是范式的交替变化（见图1-5）。《科学革命的结构》一书中的范式可以理解为领域内主流学术共同体的行事套路，包含了理念和方法或者也可以理解为科研人员从事科学研究的一些共同信念和行为准则。科学研究的演进过程就可以使用库恩的范式转移来进行描述和分析。

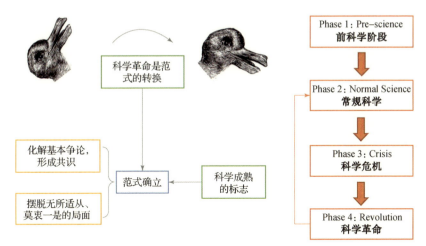

图 1-5 库恩科学范式理论

库恩认为科学演进是建立在科学革命上的一个持续发展的过程。科学研究和发展中的一次次科学革命构成了科学发展的整个演进过程。库恩的科学革命是新旧范式的交替和兴衰,并使用常规科学阶段和科学革命阶段来对这个过程进行描绘。在常规科学阶段的范式基本是固定的,而科学革命阶段的范式将发生大的变化,并形成范式的转移。库恩的理论给我们研究科学演进提供了一个具有指导意义的框架,假如科学进程真像库恩所洞察的那样,那我们就应该能从科学文献中找出范式兴衰的足迹。

库恩的这种认识是进行学术演进研究的哲学基础,也是基于文献进行学术演进挖掘的理论前提。通过库恩的理论,以陈超美和刘则渊等为代表的学者借助科学知识图谱的理论与方法,对科学演进进行了理论、方法、技术以及应用的大量研究,为量化分析科学研究的演进提供了基础。

1.4.2 知识单元共现理论

知识单元的共现分析是学术地图绘制的基本理论,是构建知识矩阵并进行学术地图绘制的基础。《知识单元与指数规律》一文中首次提出了"知识单元"的概念(赵红洲 等,1984),文中认为,"任何一个科学理论体系,都是由许多不同的定理、定律、定则或规则构成的,而不同的定理、定律、定则或规则，又是由一些用数学语言表达的科学概念构成"。这些以数学形式存在的科学概念，则被定义为"知识单元"。在知识单元定义的基础上，可以将科学的创造过程描述为"任何一种科学创造过程，都是先把结晶的知识单元游离出来，然后在全新的思维势场上重新结晶的过程"。一般而言，知识单元有广义和狭义之分。广义的知识单元可以是包含知识信息的一篇论文、一本专著甚至一个公式。狭义的知识单元就像知识的原子一样，是不可再分割的科学概念（滕立，2012）。在赵红洲等所提出的知识单元的影响下，刘则渊将知识单元的游离与重组理论移植到了知识计量学和科学知识图谱的研究中，并认为知识单元是知识计量和科学知识图谱研究的分析基础（刘则渊，2012）。

  本研究采用广义的知识单元的概念，对热爆炸文献中所包含的核心元素进行挖掘。主要从两方面来分析知识单元的特征：一方面，知识单元的统计分布情况（频次统计分布、时间趋势特征等）；另一方面，对知识单元内部的关系进行挖掘，即知识单元的共现特征的网络化分析。

  科学论文中知识单元的共现，是指在科学研究活动中，科研人员的成果中所包含的、构成学术论文的基本元素共同出现同一个字段中的现象。在本研究中，涉及的主要知识单元共现方法有：共被引分析（Small，1973）、共词网络分析（Callon，1991）以及作者合作网络分析。以作者合作为例：若一篇论文包含的作者不少于2位，那么我们就认为该篇论文中出现的作者就构成合作关系，即本研究对合作关系的分析是使用作者是否共同出现在同一篇论文中来判断。此外，作者除了同时出现在作者（AU）字段外，还会在参考文献（CR）字段中同时出现。例如，作者A和作者B发表的论文同时被论文P引用，即作者A和作者B同时出现在了论文P的参考文献字段中，这样作者A和作者B就形成了共被引关系。

  下面以构建作者的科研合作网络来说明整个共现网络的分析过程。例如，有5篇论文，分别用 d_1, d_2, d_3, d_4, d_5 来表示，这些论文所包含的作者使用 $a_1, a_2, \cdots, a_{11}$ 来表示。论文与作者之间的隶属关系如图1-6（a）(b) 所示。即，若作者 a 和论文 d 之间若存在联系，则说明作者 a 属于论文 d。作者和论文之间关系所对应的隶属矩阵如图1-6（c）所示。在分析中,首先构建所分析对象知识元与论文之间的隶属矩阵,然后对作者-文档原始矩阵与其转置矩阵进行乘法运算,即可得到作者-作者的共现矩阵。

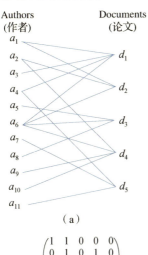

(a)

	d_1	d_2	d_3	d_4	d_5	发文量
a_1	1	1	0	0	0	2
a_2	0	1	0	1	0	2
a_3	1	0	0	0	0	1
a_4	1	0	0	0	1	2
a_5	0	0	1	0	0	1
a_6	1	1	1	1	0	4
a_7	0	0	0	0	1	1
a_8	0	0	1	0	0	1
a_9	0	0	1	0	0	1
a_{10}	0	0	0	1	0	1
a_{11}	0	0	0	0	1	1
作者数	4	3	3	4	3	

(b)

$$A_{11\times5}=\begin{pmatrix}1&1&0&0&0\\0&1&0&1&0\\1&0&0&0&0\\1&0&0&0&1\\0&0&1&0&0\\1&1&1&1&0\\0&0&0&0&1\\0&0&1&0&0\\0&0&1&0&0\\0&0&0&1&0\\0&0&0&0&1\end{pmatrix}$$

(c)

$$A^T=\begin{pmatrix}1&0&1&1&0&1&0&0&0&0&0\\1&1&0&0&0&1&0&0&0&0&0\\0&0&0&0&1&1&0&1&1&0&0\\0&1&0&0&0&1&0&0&0&1&0\\0&0&0&1&0&0&1&0&0&0&1\end{pmatrix}$$

(d)

$$B=AA^T=\begin{pmatrix}2&1&1&1&0&2&0&0&0&0&0\\1&2&0&0&0&2&0&0&0&1&0\\1&0&1&1&0&1&0&0&0&0&0\\1&0&1&2&0&1&1&0&0&0&1\\0&0&0&0&1&1&0&1&1&0&0\\2&2&1&1&1&4&0&1&1&1&0\\0&0&0&1&0&0&1&0&0&0&1\\0&0&0&0&1&1&0&1&1&0&0\\0&0&0&0&1&1&0&1&1&0&0\\0&1&0&0&0&1&0&0&0&1&0\\0&0&0&1&0&0&1&0&0&0&1\end{pmatrix}$$

(e)

图1-6 共现网络的构建过程(以作者合作网络为例)

(a)作者-论文隶属关系图;(b)作者-论文隶属关系表;(c)作者-论文隶属矩阵;
(d)作者-论文隶属矩阵的矩阵转置;(e)作者-论文隶属矩阵与转置矩阵的乘积

在科学计量领域,有多种对科技文本知识单元相似性进行测度的方法。其中,以CiteSpace引文空间挖掘中采用的余弦相似度和VOSviewer

相似可视化分析中的关联强度相似性测度方法最为知名。

余弦相似度算法：

$$\text{Cosine}(c_{ij}, s_i, s_j) = \frac{c_{ij}}{\sqrt{s_i s_j}} \tag{1-1}$$

式中，c_{ij}——i 和 j 的共现次数；

s_i——i 出现的频次；

s_j——j 出现的频次。

关联强度相似性测度：

$$S_{ij} = \frac{2mc_{ij}}{s_i s_j} \tag{1-2}$$

式中，S_{ij}——两个知识单元标准化后的相似性；

c_{ij}——两个知识单元的共现次数（或称权重）；

s_i, s_j——知识单元 i、j 的频次（或称单元 i、j 在网络中的带权度）；

m——知识单元共现频次的总和（或称网络中所有边的权重）。

1.5 基本术语

知识单元（Knowledge Unit）：Web of Science 结构化数据中，可以被计算机识别和提取出来表征热爆炸研究的特定知识实体。例如，作者（AU）、期刊（JI）、文献（CR）、关键词（SO）等。

学术地图（Academic Map）：又称科学知识图谱，是对科技文本中所提取的知识单元之间关系的可视化，用于展示知识结构以及知识系统内外互动与联系的一种可视化图形。

施引文献（Citing Articles）：这里指从 Web of Science 中下载的论文。例如，本研究所下载的 1 791 篇热爆炸论文即本研究中的施引文献。

被引文献（Cited Articles）：从 Web of Science 下载论文中所包含的参考文献，例如，本研究所下载的 1 791 篇论文的参考文献即被引文献。

文献共被引分析（Documents Co-citation）：两篇或两篇以上的论

文共同被其他论文引用，则这些被引论文形成共被引关系。这种分析方法可以扩展到作者共被引分析和出版物（期刊）的共被引分析。

VOSviewer：是由莱顿大学科学技术元勘中心 Nees 和 Ludo 开发的科学学术地图绘制软件，该软件的英文全称为 Visualization of Similarities Viewer。

CiteSpace：是由美国德雷塞尔大学陈超美教授独立开发的引文空间分析与可视化工具，英文全称为 Citation Space。

被引频次（Cited Times）：论文被其他文献引用的频次。有两种被引频次，分别为全局被引频次（GCS）和局部被引频次（LCS）。全局被引频次是指对象在 Web of Science 中的被引频次，局部被引频次是指对象在所下载的论文集合中的被引频次。

研究前沿（Research Front）：一个研究领域的新兴理论或涌现的新主话题。

知识基础（Knowledge Intellectual）：知识基础是一个有利于进一步明晰研究前沿本质的概念。如果把研究前沿定义为一个研究领域的发展状况，那么研究前沿的引文就形成了相应的知识基础。研究前沿的知识基础是研究前沿在文献中的引用轨迹（Chen，2006）。

突发性探测（Burst Detection）：该算法是 Kleinberg J 于 2002 年提出的，用于探测文本流中的突发特征。在学术地图研究中，突发性探测用来探测主题、文献、作者以及期刊出现频次或引文频次的突然激增。例如，在文献共被引网络中，若某些论文的被引频次有激增的情况，那么该论文在一定程度上可能切中了学术领域的要害问题。

2 热爆炸领域学者的学术地图

■ 2.1 引言

学术界对热爆炸的科学研究已经有100余年的历史。在热爆炸研究的历史长河中，先后产生了一批投身于热爆炸事业的专家和学者。科学论文和著作作为先辈研究热爆炸的主要成果载体，提供了对热爆炸研究的翔实记录，为我们进行研究提供了珍贵的素材。在这些科研文献中，研究成果本身固然是重要的，但对这些参与热爆炸研究的学者的研究同样有学术价值。一方面，对热爆炸研究学者的分析有助于我们认识曾经以及现在为该领域发展起到重要作用的学者及其团队；另一方面，学者通过一定联系而形成热爆炸领域的知识结构及动态演化，这对于认识热爆炸研究态势具有同等价值。

科研工作者作为科学研究的核心，受关注由来已久。Lotka于1926年最早开展了作者论文产出方面的研究（Lotka，1926），他发表在 *Journal of the Washington Academy of Sciences*（《华盛顿科学院学报》）的论文，对作者数量和科学文献数量之间的关系进行了研究，提出了著名的"科学生产率"的概念，后人称为"洛特卡定律"。后来，对科学论文作者的分析方法和研究视角更加多元化，包含对作者合作特征与合作网络的分析（Beaver et al.，1978；Beaver et al.，1979 a，b；Newman，2001）、合作对论文产出和论文影响力的影响（Wuchty et al.，2007；

Valderas, 2007) 等研究。在以被引作者为对象的分析中, 1981 年, White 和 Griffith 首次提出了作者共被引分析的概念和技术, 以进行基于研究领域的高影响作者知识结构的探究 (White et al., 1981)。作者的共被引分析可以分为全体作者的共被引分析和第一作者的共被引分析。当前受到索引数据库的限制, 作者共被引分析通常是指"第一作者"的共被引分析。综合以往关于作者的研究, 本部分将重点从热爆炸施引作者产出、合作网络以及被引作者共被引网络的演进等方面进行分析。

2.2 数据与方法

本节对采集的热爆炸研究论文从施引作者和被引作者两个角度进行分析。施引作者的含义是所下载论文的作者, 与被引作者对应。被引作者是指施引作者所发表论文参考文献中所引用的作者。在研究中, 对施引作者构建合作网络, 并进一步结合发文量和发文量突发性来进行热爆炸研究的作者发文特征、作者演化和学术群的分析。对被引作者主要基于作者的共被引网络来进行分析, 在实际分析中结合了作者的被引频次、共被引网络的聚类以及被引频次的突发性, 对热爆炸研究的高影响作者及学术结构进行分析。

作者合作网络和共被引网络是基于不同的视角和数据基础对领域核心学者的挖掘。作者合作分析是从论文中提取作者的合著关系矩阵, 通过矩阵的多元统计和可视化来完成对作者合作分析。对施引作者的合作分析, 有助于我们认识当前所关注领域的学术共同体的宏观分布及结构, 其反映了热爆炸作者层面的研究力量。作者的共被引分析作为一种新的视角, 可以有效帮助我们分析热爆炸研究中的高被引作者分布及其在网络层面上由作者组成的热爆炸知识结构。在研究中, 主要采用当前科学计量领域享有国际声誉的科技文本可视化工具 CiteSpace 对数据进行分析 (李杰 等, 2016)。在分析过程中, 根据初步分析的结果, 对相关作者的姓名进行了消歧处理和网络参数的优化, 以得到最终的作者合作网络和作者的共被引网络。

2.3 热爆炸中的施引作者分析

2.3.1 作者产出的统计分布

1935—2020 年热爆炸研究论文学者的统计分布如图 2-1 所示。图 2-1（a）展示了热爆炸研究论文中独著论文数、合著论文数随着时间的变化情况。结果显示，热爆炸总论文数的年度产出整体呈增长趋势，特别是 1990 年以后热爆炸的研究增长趋势显著。在热爆炸研究中，结合图 1-2 可知，合著论文数与论文整体产出趋势一致，这说明在热爆炸研究中，合作是一种普遍现象。相比之下，热爆炸研究中独著论文的数量变化不大，且处在比较低的产出水平。进一步结合图 2-1（b）所示的独著论文和合著论文在各年份的占比分布发现，独著论文的占比呈降低的趋势。在热爆炸早期的研究中，论文以独著论文为主，随着

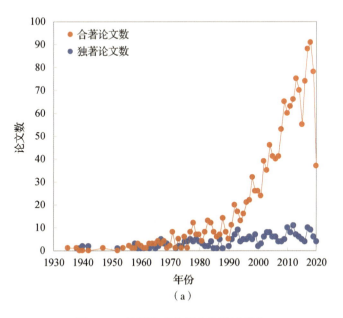

图 2-1　热爆炸研究学者的统计分布

（a）作者的独著与合著趋势

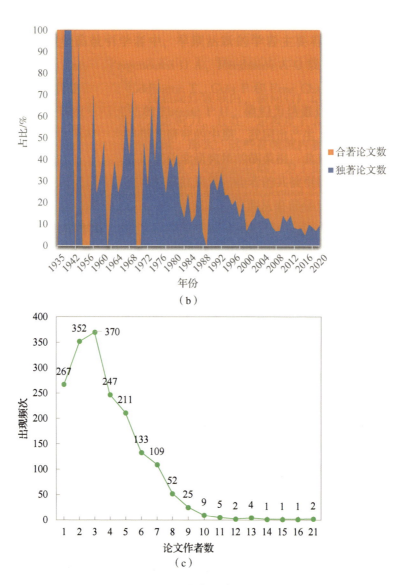

图 2-1 热爆炸研究学者的统计分布（续）

（b）作者的独著与合著比例；（c）作者的规模分布

2 热爆炸领域学者的学术地图

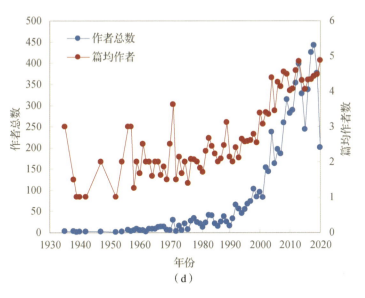

图 2-1　热爆炸研究学者的统计分布（续）
(d) 作者数的年度分布

发展热爆炸的合作论文的占比增加，合著成为一种趋势。这反映了在热爆炸研究中合作论文是论文产出的主要形式。作者的合作趋势在一定程度上也反映了，随着热爆炸研究的发展，所面临的研究问题需要更多学者参与同一个课题中，以发挥各自的优势。

热爆炸作者合作规模分布如图 2-1 (c) 所示。由图可知，在 1 791 篇论文中，仅有一位作者的论文有 267 篇（占比 14.9%）。热爆炸的研究论文作者规模主要为 2 位（352 篇）和 3 位（370 篇），占总论文数的 40.3%。作者有 4 位的论文为 247 篇，有 5 位的为 211 篇，有 6 位的为 133 篇，有 7 位的为 109 篇，有 8~21 位的为 102 篇。其中，论文作者有 21 位的论文有两篇，为 Smilowitz 等在 *Journal of Applied Physics* 上发表的 2 篇系列论文（Smilowitz et al., 2012a,b）。从作者的合作规模的特征不难得出，在热爆炸研究领域，大量的研究需要合作，且合作的最佳规模为 3 位。

热爆炸作者合作规模的年度分布如图 2-1 (d) 所示。由图可知，随着时间的推移，热爆炸论文的作者总数量呈增长的趋势。特别是

1990年以后，其增长尤为明显。这说明，随着热爆炸研究的发展，越来越多的学者参与了热爆炸的研究。从篇均作者数量的趋势来看，在1958年以前，由于某些年份无论文产出，故而波动"周期"较长。1960年以后，篇均作者数量保持在3位上下并呈现波动式变化。2004年以后，篇均作者数量较之前有一定的提高，在4位上下波动。作者总数和篇均作者数量的变化反映了热爆炸研究中合作增加和合作规模的提高。

2.3.2 作者来源的地理分布

作者来源的地理分布的分析，对于认识热爆炸研究在空间上的产出分布特征有重要的价值。在对作者产出的统计分布基础上，进一步从更加宏观的维度来认识热爆炸研究学者的地理分布及其合作情况。在国家或地区的分布上，对热爆炸的研究主要分布在58个国家或地区。其中，我国论文总量排名第一，远远超过其他国家或地区。随后，依次是俄罗斯、美国以及英国等，如表2-1所示。

在机构层面上，表2-2展示了全球在热爆炸领域论文产出排名前10的机构，其中俄罗斯科学院以发文量211篇排名第一。随后，依次是西安近代化学研究所、西北大学、北京理工大学、台湾云林科技大学以及故宫研究院。结合国家或地区的产出不难发现，我国进行热爆炸研究的机构数量多，且论文产量也高，因此论文总体之和使得我国论文产出排名第一。相比，俄罗斯的热爆炸研究力量主要集中在俄罗斯科学院。图2-2所示为热爆炸研究中机构合作网络的密度图。在合作网络中，左侧分别以俄罗斯科学院和以色列本·古里安大学为核心，形成了俄罗斯和以色列的热爆炸研究合作群落。在右侧以台湾云林科技大学、北京理工大学、西安近代化学研究所以及西北大学为核心形成了我国的热爆炸领域的合作群。从机构产出论文的时间活跃度来看，早期英国利兹大学、以色列本·古里安大学以及俄罗斯科学院的研究比较活跃。随着研究的不断发展，我国机构开始在热爆炸研究中表现活跃且产出突出。

表 2-1 论文排名前 10 的热爆炸研究国家或地区

序号	国家/地区	英文译名	论文量	总被引频次	平均发文年份
1	中国	China	509	4 613	2012.29
2	俄罗斯	Russia	343	2 168	2009.05
3	美国	USA	220	4 243	2005.60
4	英国	United Kingdom	86	1 689	2002.03
5	中国台湾	Taiwan, China	63	1 060	2010.59
6	以色列	Israel	61	1 063	2005.59
7	德国	Germany	44	834	2006.05
8	法国	France	38	388	2009.08
9	意大利	Italy	35	843	2008.03
10	印度	India	31	487	2013.65

表 2-2 论文量排名前 10 的热爆炸研究机构

序号	机构	英文简称	国家/地区	论文量	总被引频次	平均发文年份
1	俄罗斯科学院	Russian/USSR Acad Sci	俄罗斯	211	1 288	2008.66
2	西安近代化学研究所	Xian Modern Chem Res Inst	中国	148	1 876	2010.47
3	西北大学	Northwest Univ	中国	114	1 242	2010.36
4	北京理工大学	Beijing Inst Technol	中国	77	534	2014.16
5	台湾云林科技大学	Natl Yunlin Univ Sci & Technol	中国台湾	40	740	2012.10
6	故宫研究院	Palace Museum	中国	38	657	2011.13
7	本·古里安大学	Ben Gurion Univ Negev	以色列	32	268	2006.16
8	劳伦斯利弗莫尔国家实验室	Lawrence Livermore Natl Lab	美国	32	708	2007.81
9	洛斯·阿拉莫斯国家实验室	Los Alamos Natl Lab	美国	27	255	2009.74
10	南京理工大学	Nanjing Univ Sci & Technol	中国	27	250	2013.41

2 热爆炸领域学者的学术地图

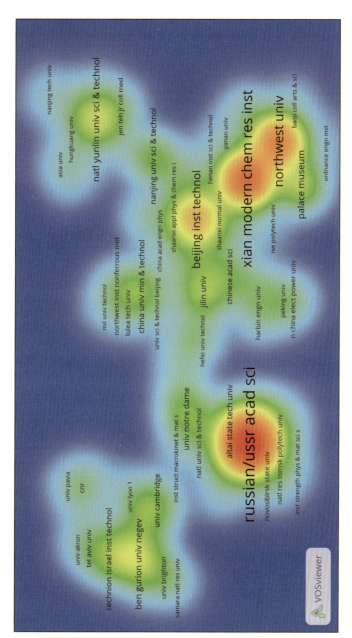

图 2-2 热爆炸研究中的机构合作密度图

2.3.3 作者的合作网络分析

在作者宏观维度上的分析基础上,本小节进一步对作者个体组成的合作网络进行分析和研究。热爆炸研究的学者合作分析显示,在热爆炸研究中形成了大量的学术合作关系和群落。在形成的合作群落中,最为核心的合作网络是规模较大的子网络。在热爆炸作者合作的整体网络中,本研究提取的作者合作的最大子网络如图 2-3 所示,除最大子网络之外,作者数量排名前 5 的子合作网络如图 2-4 所示。结合作者合作网络,本研究提取了热爆炸研究高产作者(论文量 > 20 篇),如表 2-3 所示。在作者合作网络图中,节点和标签的大小反映了作者发文量的多少,节点和标签越大,则表示作者发表的论文越多;网络中的颜色变化反映了合作团队的活跃时间,颜色越深则表示在早期的研究中越活跃,颜色越浅则表示在近期的热爆炸研究中越活跃。

热爆炸的高产学者为热爆炸贡献了更多的论文,是热爆炸研究历程中的活跃学者。热爆炸研究产出大于 20 篇的作者有 Zhao Feng-Qi(赵凤起,西安近代化学研究所)、Hu Rong-Zu(胡荣祖,西安近代化学研究所)、Song Ji-Rong(宋纪蓉,西北大学)、Xu Kang-Zhen(徐抗震,西北大学)、Merzhanov A G(俄罗斯科学院)、Ma Hai-Xia(马海霞,西北大学)、Gao Hong-Xu(高红旭,西安近代化学研究所)、Shu Chi-Min(徐启铭,台湾云林科技大学)、Zhang Tong-Lai(张同来,北京理工大学)、Filimonov V YU(阿尔泰国立技术大学)、Gray P(利兹大学)、Wang Bo-Zhou(王伯周,西安近代化学研究所)、Yang Li(杨利,北京理工大学)、Boddington T(利兹大学)、Gol'dshtein V(本·古里安大学)、Gao S L(高胜利,西北大学)以及 Zhang Jian-Guo(张建国,北京理工大学)。

在热爆炸的作者合作网络中,形成了若干热爆炸研究团队,这些团队的核心学者分别有:Zhao Feng-Qi(赵凤起)、Hu Rong-Zu(胡荣祖)、Song Ji-Rong(宋纪蓉)、Xu Kang-Zhen(徐抗震);Zhang Tong-Lai(张同来)、Yang Li(杨利)以及 Zhang Jian-Guo(张建国);Merzhanov A G、Mukasyan Alexander S、Abramov V G、Azatyan V V 以及 Barzykin V V 等学者;Gray P、Boddington T 以及 Feng Chang-Gen

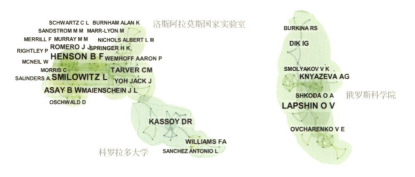

图2-4 热爆炸研究作者数量排名前5的子合作网络

（冯长根）等学者；Shu Chi – Min（徐启铭）、Wu Sheng – Hung、Liu Shang – Hao、Lin Chun – Ping 以及 Tseng Jo – Ming。在网络中，作者的合作关系使用连线表示。连线的颜色则反映了两位作者首次合作的时间，作者合作时间越早则连线越深，合作越接近现在则连线越浅。从图中不难得出：在国际热爆炸的研究中，以 Gray P、Boddington T 以及 Feng Chang – Gen（冯长根）；Merzhanov A G、Abramov V G 以及 Kassoy D R 等学者为核心，形成了热爆炸早期理论研究团队。相比而言，以 Zhao Feng – Qi（赵凤起）、Hu Rong – Zu（胡荣祖）、Zhang Tong – Lai（张同来）等来自我国西安近代化学研究所和北京理工大学的学者以及来自我国台湾的 Shu Chi – Min（徐启铭）团队是中后期活跃的热爆炸研究实践与应用团队。

作者的突发性展示了热爆炸研究活跃学者在不同时期的分布，整体上反映了热爆炸研究作者层面的演化过程。本研究使用 CiteSpace 中嵌入的突发性探测方法，得到了热爆炸作者发文量的突发性时间排序，如图 2-5 所示。从图中可以将具有突发现象的作者按时间大致划分为三个时期。初期主要展示了热爆炸早期的活跃学者，包含了诸如

表 2-3 热爆炸研究的高产作者列表（论文产出量 >20 篇）

序号	作者	首次发文年份	论文量	所在机构	代表关键词
1	Zhao Feng-Qi（赵凤起）	2004	138	Xi'an Modern Chemistry Research Institute（西安近代化学研究所）	Thermal Behavior（热行为），Thermal Safety（热安全），Adiabatic Time-to-Explosion（绝热爆炸时间），Crystal Structure（晶体结构）
2	Hu Rong-Zu（胡荣祖）	1994	96	Xi'an Modern Chemistry Research Institute（西安近代化学研究所）	Differential Scanning Calorimetry（差示扫描量热法），Thermal Behavior（热行为），Thermal Safety（热安全），Thermal Explosion（热爆炸），Kinetics（动力学），Adiabatic Time-to-Explosion（绝热爆炸时间）
3	Song Ji-Rong（宋纪蓉）	2000	67	Northwest University（西北大学）	Thermal Behavior（热行为），Crystal Structure（晶体结构），Adiabatic Time-to-Explosion（绝热爆炸时间）

续表

序号	作者	首次发文年份	论文量	所在机构	代表关键词
4	Xu Kang-Zhen（徐抗震）	2007	52	Northwest University（西北大学）	Thermal Behavior（热行为）、Crystal Structure（晶体结构）、Adiabatic Time-to-Explosion（绝热爆炸时间）、1,1-Diamino-2,2-Dinitro-ethylene（Fox-7）
5	Merzhanov A G	1958	43	Academy of Sciences of the USSR（苏联科学院）	Thermal Explosion（热爆炸）*
6	Ma Haixia（马海霞）	2004	43	Northwest University（西北大学）	Thermal Safety（热安全）、Thermal Behavior（热行为）、Crystal Structure（晶体结构）、Non-Isothermal Kinetics（非等温动力学）、Adiabatic Time-to-Explosion（绝热爆炸时间）
7	Gao Hong-Xu（高红旭）	2006	37	Xi'an Modern Chemistry Research Institute（西安近代化学研究所）	Thermal Explosion（热爆炸）、Thermal Behavior（热行为）、Specific Heat Capacity（比热容）、Thermal Safety（热安全）

续表

序号	作者	首次发文年份	论文量	所在机构	代表关键词
8	Shu Chi-Min（徐启铭）	2003	35	National Yunlin University of Science and Technology（台湾云林科技大学）	Differential Scanning Calorimetry（差示扫描量热法）、Vent Sizing Package 2（通风口尺寸包2）
9	Zhang Tong-Lai（张同来）	1994	31	Beijing Institute of Technology（北京理工大学）	Crystal Structure（晶体结构）、Thermal Decomposition（热分解）、Thermal Analysis（热分析）
10	Filimonov V Yu	2007	31	Altai State Technical University（阿尔泰国立技术大学）	Thermal Explosion（热爆炸）、Critical Conditions（临界条件）、Mechanical Activation（机械活化）
11	Gray P	1959	30	University of Leeds（利兹大学）	Thermal Explosion（热爆炸）
12	Wang Bo-Zhou（王伯周）	2004	27	Xi'an Modern Chemistry Research Institute（西安近代化学研究所）	Thermal Behavior（热行为）、Thermal Safety（热安全）

续表

序号	作者	首次发文年份	论文量	所在机构	代表关键词
13	Yang Li（杨利）	2011	27	Beijing Institute of Technology（北京理工大学）	Crystal Structure（晶体结构）、Thermal Behavior（热行为）、Energetic Materials（含能材料）
14	Boddington T	1971	25	University of Leeds（利兹大学）	Thermal Explosion（热爆炸）
15	Gol'dshtein V	1998	23	Ben-Gurion University of the Negev（本·古里安大学）	Thermal Explosion（热爆炸）、Combustion（燃烧）、Thermal Radiation（热辐射）、Method of Integral Manifolds（积分流形法）
16	Gao S L（高胜利）	2002	21	Northwest University（西北大学）	Decomposition（热解）、Kinetics（动力学）、Mechanism（机理）、DSC（差示扫描量热法）
17	Zhang Jian-Guo（张建国）	2011	21	Beijing Institute of Technology（北京理工大学）	Crystal Structure（晶体结构）、Thermal Decomposition（热分解）

注：＊表示该作者的论文大多数没有关键词，通过论文整体的主题自定义代表性关键词。

Merzhanov A G、Barzykin V V、Gray P、Abramov V G 等国外学者,该阶段的研究更加偏向于对热爆炸基础理论的研究。在热爆炸的早期研究中,北京理工大学的冯长根教授也位列其中。冯长根教授于 1980—1983 年在英国利兹大学跟随 Gray P 和 Boddington T 研究热爆炸理论,并获得博士学位。在留英期间,冯长根教授与其导师 Gray P 和 Boddington T 合作开展了大量的热爆炸基础性研究,在 1982—1988 年发表了 15 篇热爆炸理论研究论文。在中后期有大量的中国学者,这反映了我国在热爆炸研究上不仅活跃,而且具有强大的人才队伍。后期反映了近年来从事热爆炸研究的学者,是目前国际热爆炸研究的新兴学者。

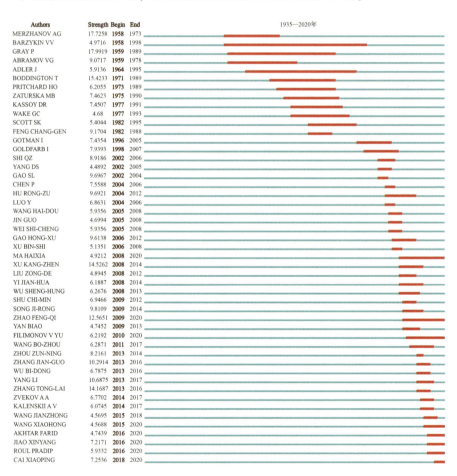

图 2-5 热爆炸研究作者发文量的突发性探测

注:Strength 为突显强度;Begin 和 End 分别表示作者发文活跃的时间跨度。

2.4 热爆炸作者被引分析

2.4.1 作者被引的统计分布

在热爆炸领域内,被同行广泛引用的学者通常具有高的领域关注度和学术影响力。且在一定程度上表征了学者的研究被同行的认可度以及学术贡献。那么,这些在领域内被频繁引用的学者,在一定程度上为领域贡献了重要的知识基础。为了探究在热爆炸研究中的高被引作者及其所构成的知识基础(Intellectual Base)的结构,对热爆炸研究成果进行作者的共被引分析和网络聚类。在构建作者共被引网络时,将1935—2020年按照每3年一个时间切片来分割数据,并提取每个时间切片内排名前50的作者来进行分析。为了避免网络中提取过多节点,而导致结果过于混乱。在分析时,进一步设定了作者被引频次的阈值,要求纳入网络的作者必须满足最低被引频次为5。最后,通过分析得到了包含200位作者、1 039对共被引关系的作者共引网络,对网络中所包含了200位作者被引频次分布的统计分析如图2-6所示。

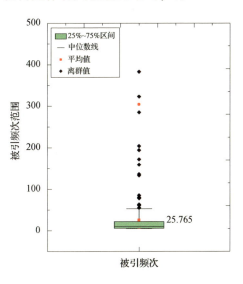

图2-6 热爆炸作者被引频次的统计分布

作者共被引的最大子网络是热爆炸研究中最为核心的知识基础作者群,因此本研究提取了共被引网络的最大子网络进行分析(包含183位作者),结果如图2-7所示。在作者的共被引网络中,网络节点和作者标签的大小反映作者总被引频次,节点和标签越大则对应作者的被引频次越高。

从分析结果来看，作者的被引频次在分布上极不平衡（见图2-6），大量作者被引频次相对比较低，仅仅有少量作者处在高被引区域。在热爆炸研究中的高产作者如表2-4所示，热爆炸研究的开创者谢苗诺夫（Semenov N N）的博士生Frank-Kamenetskii D A（383次）、Merzhanov A G（323次）、Semenov N N（285次）、Kissinger H E（204次）、Ozawa T（194次）、Hu Rong-Zu（172次）、Zhang Tong-Lai（159次）、Boddington T（136次）、Zeldovich Y B（133次）、Gray P（85次）、Gray B F（80次）、Gao Hong-Xu（79次）、Barzykin V V（78次）、Munir Z A（63次）、Thomas P H（62次）、Yi J H（62次）、Kassoy D R（61次）、Vyazovkin S（55次）、Adler J（53次）、Moore J J（52次）、Yeh C L（52次）以及Ma Haixia（51次）等。被引频次超过200次的Frank-Kamenetskii D A、Merzhanov A G、Semenov N N以及Kissinger H E的被引趋势如图2-8所示，这些作者在热爆炸研究中至今仍然被引活跃，是热爆炸研究中最为核心知识基础作者。

表2-4 热爆炸研究中的高被引学者（被引频次>50次）

序号	作者	所在机构	首次被引年份	被引频次	论文量
1	Frank-Kamenetskii D A	俄罗斯托木斯克理工大学	1959	383	■
2	Merzhanov A G	苏联科学院	1966	323	43
3	Semenov N N	苏联科学院	1959	285	■
4	Kissinger H E	美国国家标准局	2002	204	■
5	Ozawa T	日本东京电子技术研究所	2002	194	■
6	Hu Rong-Zu（胡荣祖）	西安近代化学研究所	2001	172	96
7	Zhang Tong-Lai（张同来）	北京理工大学	2001	159	31
8	Boddington T	英国利兹大学	1977	136	25
9	Zeldovich Y B	莫斯科科学院	1992	133	■

2 热爆炸领域学者的学术地图

续表

序号	作者	所在机构	首次被引年份	被引频次	论文量
10	Gray P	英国利兹大学	1977	85	30
11	Gray B F	澳大利亚悉尼大学	1983	80	■
12	Gao Hong-Xu（高红旭）	西安近代化学研究所	2008	79	37
13	Barzykin V V	苏联科学院	1965	78	■
14	Munir Z A	美国加利福尼亚大学	1992	63	■
15	Thomas P H	英国火灾研究站	1977	62	■
16	Yi J H（仪建华）	西安近代化学研究所	2010	62	■
17	Kassoy D R	美国科罗拉多大学	1983	61	■
18	Vyazovkin S	美国犹他大学	2007	55	■
19	Adler J	英国帝国理工学院	1983	53	■
20	Moore J J	美国科罗拉多矿业学院	2002	52	■
21	Yeh C L	中国台湾大叶大学	2007	52	■
22	Ma Haixia（马海霞）	西北大学	2007	51	43

注：首次被引年份是指被引作者在所采集的数据库中被引用论文的最早发表年份，表中的被引频次为所发表论文的第一作者论文被引频次。

■ 表示未出现在高产作者的列表中，即这些作者虽然是非高产学者，但具有高影响力（仅统计第一作者的论文）。

在高被引作者被引频次分布的基础上，本研究进一步对作者首次被引时间特征进行分析。图 2-9 展示了作者的总被引频次与作者首次被引时间的分布，图 2-10 展示了在时间序列上，作者被引存在突发性特征的时间分布。作者的被引时间特征的结果显示，在热爆炸研究过程中，不同时代涌现出了一批对热爆炸研究的推进有重要影响的学者。在热爆炸早期研究中具有突出研究贡献的学者 Frank-Kamenetskii D A、Merzhanov A G 以及 Semenov N N 等，他们对热爆炸理论的研究成果已经成为后来从事热爆炸相关研究的基础。除了这些作者之外，在 1990 年

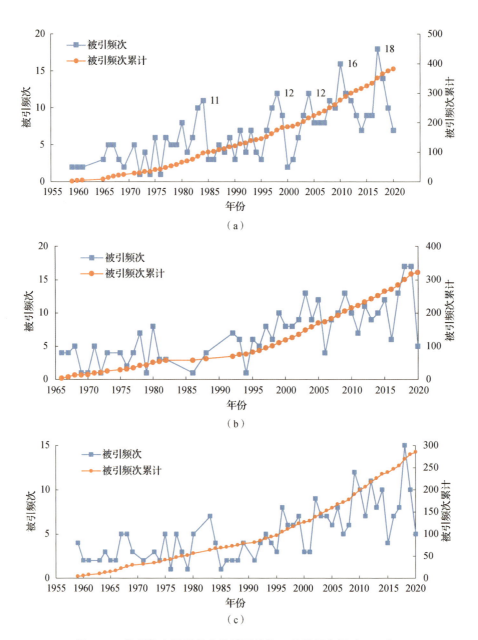

图 2-8 热爆炸高被引学者的被引趋势（被引频次超过 200 次）

(a) Frank-Kamenetskii D A 被引趋势；(b) Merzhanov A G 被引趋势；
(c) Semenov N N 被引趋势

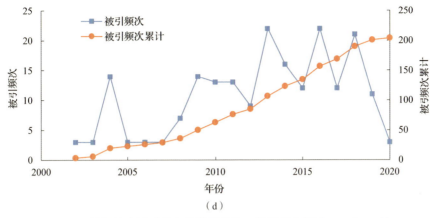

图2-8 热爆炸高被引学者的被引趋势（被引频次超过200次）（续）

(d) Kissinger H E 被引趋势

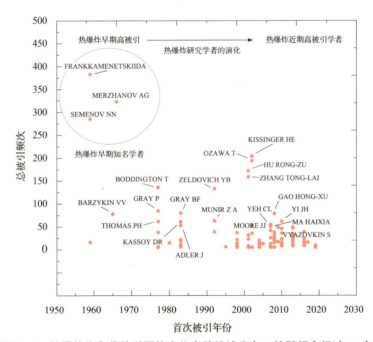

图2-9 热爆炸作者共被引网络中作者的统计分布（被引频次超过50次）

之前热爆炸理论的研究阶段，Boddington T、Gray P、Gray B F 以及 Barzykin V V 等也组成了热爆炸理论中后期的主要核心人物。2000年以后，我国有一批学者开始在国际热爆炸的研究中崭露头角并具有重要影响力，其中有代表性的学者有胡荣祖（西安近代化学研究所）、张同来（北京理工大学）以及高红旭（西安近代化学研究所）等。

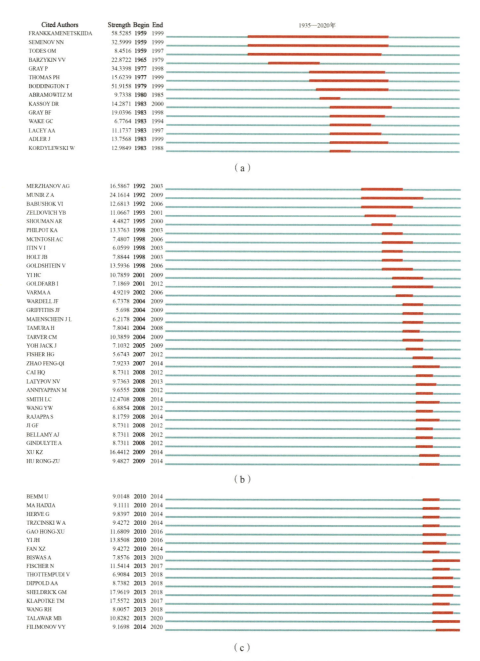

图2-10 热爆炸领域活跃作者的突发性探测

(a) 早期被引活跃的热爆炸研究学者；(b) 中期被引活跃的热爆炸研究学者；
(c) 当前被引活跃的热爆炸研究学者

2.4.2 作者共被引网络分析

在作者的共被引网络中，作者与作者之间的连线代表了作者之间的共被引关系。两个作者在文献共被引网络中关系越密切，那么在研究方向上越接近。从网络图中不难得出，热爆炸研究中围绕高被引作者 Merzhanov A G、Semenov N N、Kissinger H E、Ozawa T、Hu Rong-Zu（胡荣祖）以及 Zhang Tong-Lai（张同来）等形成若干自然类。进一步，本研究使用网络聚类方法对整个作者共被引网络进行聚类，并从被引作者的施引文献中提取名词性术语来对聚类进行命名，结果如图 2-11 所示。

对热爆炸的作者共被引网络进行聚类，得到模块度（Modularity）$Q = 0.7007$，平均剪影值为 0.5974，反映了聚类效果很好。使用 LLR（对数似然比）算法，从施引文献的标题中提取名词性术语，为聚类进行命名。聚类的名称与各个类中作者的关系是：类中作者发表的论文是对应聚类的"知识基础"，反映了哪些研究主题引用了对应类中的作者。

聚类#0 所对应的研究内容主要涉及 Crystal Structure（晶体结构）、Thermal Decomposition（热分解）以及 Thermal Behavior（热行为）等研究。这些研究主要引用了 Frank-Kamenetskii D A、Merzhanov A G 以及 Semenov N N 等学者的研究成果，如表 2-5 所示。聚类中这些作者的首次被引时间很早，主要是从事热爆炸理论研究的学者。

在聚类#1 中，Thermal Decomposition（热分解）研究是主要的方向，此外还包括量子化学、晶体结构等内容。其中，Kissinger H E、Ozawa T、Hu R Z（胡荣祖）以及 Zhang T L（张同来）等学者的研究成果为该聚类中的相关研究提供了基础，如表 2-6 所示。

聚类#2 主要是关于 Combustion Synthesis（燃烧合成），Phase Formation Processes（相变过程）以及 Al Powder Mixture（铝粉混合物）等主题研究。这些主题的研究受到了 Moore J J、Yeh C L、Filimonov V Y、Biswas A 以及 Rogachev A S 等学者的研究影响，这些学者组成了该方向研究的知识基础作者，如表 2-7 所示。

聚类#3 主要涉及 Structural Characterization（结构表征）、Thermal Behavior（热行为）以及 Thermal Properties（热性能）等方面。这些主题研究的支撑主要有 Gao H X（高红旭）、Vyazovkin S、Xu K Z（徐抗震）、Smith L C 以及 Latypov N V 等学者，如表 2-8 所示。

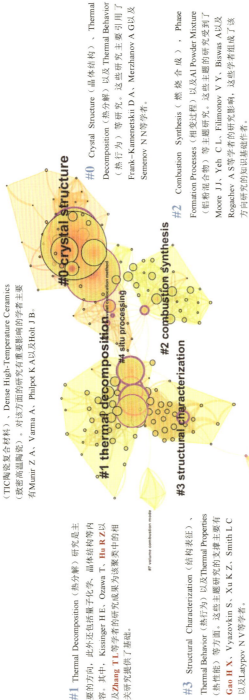

#4 Situ Processing（原位处理），TIC Ceramic Composite（TIC陶瓷复合材料），Dense High-Temperature Ceramics（致密高温陶瓷）。对该方面的研究有重要影响的学者主要有Munir Z A、Varma A、Philpot K A以及Holt J B。

#0 Crystal Structure（晶体结构），Thermal Decomposition（热分解）以及Thermal Behavior（热行为）等研究。这些研究主要受引用了Frank-Kamenetskii D A、Merzhanov A G以及Semenov N N等学者。

#2 Combustion Synthesis（燃烧合成），Phase Formation Processes（相变过程）以及Al Powder Mixture（铝粉混合物）等主题研究。这些主题研究受到了Moore J J、Yeh C L、Filimonov V Y、Biswas A以及Rogachev A S等学者的研究影响，这些学者组成了该方向研究的知识基础著作者。

#5 Thermal Decomposition Model（热分解模型），HMX-Based Plastic（HMX基高聚物粘结炸药），Global Kinetic Model（整体热解动力学模型）以及Beta-Delta Transition（beta-delta过渡）。该类进行研究的知识基础主要来源于Tarver C M、Yoh J J、Wardell J F以及Maienschein J L等。

#1 Thermal Decomposition（热分解）研究是主要的方向，此外还包括量子化学、晶体结构等内容。其中，Kissinger H E、Ozawa T、**Hu R Z**以及**Zhang T L**等学者的研究成果为该聚类中的相关研究提供了基础。

#3 Structural Characterization（结构表征），Thermal Behavior（热行为）以及Thermal Properties（热性能）等方面。这些主题研究的支撑主要有**Gao H X**、Vyazovkin S、Xu K Z、Smith L C以及Latypov N V等学者。

图2-11 热爆炸高被引作者的网络聚类

表2-5 聚类#0 Crystal Structure 中引用的学者

序号	学者	首次被引年份	被引频次	度中心性
1	Frank-Kamenetskii D A	1959	383	28
2	Merzhanov A G	1966	323	24
3	Semenov N N	1959	285	33
4	Boddington T	1977	136	25
5	Zeldovich Y B	1992	133	7
6	Gray P	1977	85	21
7	Gray B F	1983	80	19
8	Barzykin V V	1965	78	12
9	Thomas P H	1977	62	19
10	Kassoy D R	1983	61	16

表2-6 聚类#1 Thermal Decomposition 中引用的学者

序号	学者	首次被引年份	被引频次	度中心性
1	Kissinger H E	2002	204	32
2	Ozawa T	2002	194	34
3	Hu R Z（胡荣祖）	2001	172	25
4	Zhang T L（张同来）	2001	159	35
5	Yi J H（仪建华）	2010	62	11
6	Ma H X（马海霞）	2007	51	7
7	Sheldrick G M	2013	49	24
8	Klapotke T M	2013	47	22
9	Talawar M B	2013	35	9
10	Wu B D	2013	30	19
11	Fischer N	2013	30	15

表2-7 聚类#2 Combustion Synthesis 中引用的学者

序号	学者	首次被引年份	被引频次	度中心性
1	Moore J J	2002	52	14
2	Yeh C L	2007	52	12
3	Filimonov V Y	2010	46	15
4	Biswas A	2007	42	14
5	Rogachev A S	2016	39	9
6	Korchagin M A	2010	36	9
7	Mukasyan A S	2013	32	13
8	Yi H C	2001	32	27
9	Wang Z	2016	24	11
10	Jiao X Y	2017	16	11
11	Shi Q L	2016	16	14
12	Shteinberg A	2013	16	11
13	Sina H	2016	16	13

表2-8 聚类#3 Structural Characterization 中引用的学者

序号	学者	首次被引年份	被引频次	度中心性
1	Gao H X（高红旭）	2008	79	30
2	Vyazovkin S	2007	55	10
3	Xu K Z（徐抗震）	2009	49	19
4	Smith L C	2008	38	18
5	Latypov N V	2008	31	24
6	Rajappa S	2008	25	19
7	Herve G	2010	24	20
8	Fan X Z	2010	23	20
9	Trzcinski W A	2010	23	18
10	Bemm U	2010	22	19

聚类#4 主要内容为 Situ Processing（原位处理）、TIC Ceramic Composite（TIC 陶瓷复合材料）、Dense High – Temperature Ceramics（致密高温陶瓷）。对该方面的研究有重要影响的学者主要有 Munir Z A、Varma A、Philpot K A 以及 Holt J B，如表 2 – 9 所示。

表 2 – 9　聚类#4 Situ Processing 中引用的学者

序号	学者	首次被引年份	被引频次	度中心性
1	Munir Z A	1992	63	19
2	Varma A	2002	36	7
3	Philpot K A	1998	22	13
4	Holt J B	1998	13	10

聚类#5 的主要内容有 Thermal Decomposition Model（热分解模型）、HMX – Based Plastic（HMX 基高聚物粘结炸药）、Global Kinetic Model（整体热解动力学模型）以及 Beta – Delta Transition（Beta – Delta 相变）。该类进行研究的知识基础主要来源于 Tarver C M、Yoh J J、Wardell J F 以及 Maienschein J L 等，如表 2 – 10 所示。

表 2 – 10　聚类#5 Thermal Decomposition Model 中引用的学者

序号	学者	首次被引年份	被引频次	度中心性
1	Tarver C M	2004	20	10
2	Yoh J J	2005	13	8
3	Wardell J F	2004	13	8
4	Maienschein J L	2004	12	5

2.5　本章小结

本章对从事热爆炸研究的作者群进行了系统分析，从作者维度上完整呈现了热爆炸研究的历史演进。

（1）1935—2020 年，国际热爆研究的学者在合作上呈现了快速增长的趋势。热爆炸科研合作的增长在一定程度上反映了热爆炸研究的学术群落的形成和成长。热爆炸论文的作者合作规模主要为 2~3 位，对于一些复杂程度高的主题研究，需要多机构多学者合作的论文也出现了更多学者合作的现象。

（2）从合作网络和突发性探测，本研究得到了在热爆炸研究中从早期到当前最为核心的学者群。以来自苏联科学院和英国利兹大学的学者形成了早期热爆炸理论的研究团队。表现突出的苏联学者有 Merzhanov A G、Mukasyan Alexander S、Abramov V G 等，英国利兹大学的学者有 Gray P、Boddington T 以及 Feng Chang – Gen（冯长根）等。这两支团队在热爆炸的理论研究中发挥了重要的作用。随着热爆炸研究的演进，中后期的热爆炸研究主要转向了我国，代表性团队有来自西安近代化学研究所的赵凤起、胡荣祖、宋纪蓉，来自北京理工大学的张同来、杨利等，以及来自台湾云林科技大学的 Shu Chi – Min（徐启铭）。在整个热爆炸的研究历史上，我国学者不仅参与了热爆炸理论的完善，而且在中后期的研究中成为核心。初期的热爆炸理论研究以冯长根为代表，中后期以赵凤起、胡荣祖、宋纪蓉等学者的实验实践为代表。近期我国对热爆炸研究仍然继续不断，已经成为国际热爆炸的重要研究力量。

（3）本研究从作者共被引网络、聚类以及突发性探测得到了在热爆炸研究中，作为第一作者发表论文的高影响作者分布。这些在共被引网络中的高被引作者从多个角度为热爆炸的研究提供了知识基础。早期高被引的作者如科学研究中"巨人的肩膀"（代表学者有 Frank – Kamenetskii D A、Gray P、Thomas P H 以及 Semenov N N 等），为后来的热爆炸研究提供了研究基础。基于施引文献主题信息的聚类，直接反映了这些高被引作者所提供的"知识基础"所对应的领域。

（4）从作者的合作和共被引结果中，作者在时间维度的分布特征呈现热爆炸领域的学者的更新换代。最后，对以作者为主线的热爆炸研究的学术演化进行总结，如图 2 – 12 所示。

3 热爆炸热点主题的学术地图

■ 3.1 引言

在 20 世纪 90 年代，关于热爆炸理论的研究已经初步完成，这标志着热爆炸的研究将走向成熟。在热爆炸研究萌芽、理论形成、理论完善以及应用的整个阶段中，核心研究主题不断地积累、完善和演化。热爆炸的研究和发展的推进，也使得科学家在热爆炸研究上的分工更加明确，但这为全面认识热爆炸的研究主题带来了困难。特别是在当前科学知识数据增长迅猛背景下，认识热爆炸主题格局的难度进一步加大。例如：热爆炸研究主题的整体布局如何？热爆炸研究的整个历程中，主题的变化是怎样的？那些曾经在热爆炸研究中紧密联系的知识元，随着时代的发展发生了何种变化？这些问题的研究和分析，对于深入认识和促进热爆炸的研究有重要的现实意义。

早期，对热爆炸研究主题的分布以及演化情况可以通过领域内资深学者对热爆炸的系统综述或系统性的专著来获知（冯长根，1988；Shouman，2006），随着研究的快速推进和成果的不断产出，这样仅靠专家的综述和经验变得费时、费力，且专家的认识往往具有一定的主观性、片面性和局限性。科技文献的数字化和数据分析技术的发展，使得通过文献来挖掘领域热点、演化及其影响成为可能。目前，通过对领域研究主题的挖掘来探索领域主题特征的研究已经在多个领域有所涉及。例如，在安全科学与工程领域的相关研究中，2006年，陈超美通过对恐怖主义科学论文进行挖掘，构建了文献－主题的混合网络，分析了全球恐怖主义的研究与发展（Chen，2006）；2017年，李杰等首次通过VOSviewer提供的主题挖掘功能，对《中国安全科学学报》的英文标题、摘要和关键词进行主题挖掘，得到了我国安全科学研究的主题结构和研究趋势（李杰 等，2017）。这些研究在一定程度上揭示了基于科技文献挖掘来表征领域科学研究主题特定的有效性和先进性。

■ 3.2　数据与方法

关键词是论文作者（或数据库）选定或数据库提供的，能够直接反映论文核心主题词语，因此本研究中涉及的主题是指通过关键词分析得到的结果。在对关键词的分析中，本研究主要采用词频分析和共词分析两种方法来对热爆炸的研究热点及其主题聚类进行分析。

词频分析是通过统计论文中关键词出现的频次来反映研究内容和热点的方法，其考虑的是词语个体在文本中的统计特征，缺少对词语之间关系的分析，词频分析的基本原理和步骤如下。

第1步，从数据中的DE字段（代表作者为论文给定的关键词）和ID字段（表示数据库为论文补充的关键词）提取关键词信息，并对初步得到的关键词列表进行关键词清洗（包含对关键词单复数、英美拼写等进行处理），以得到最终的热爆炸主题词词频列表。

第2步，在词频列表的基础上，对每个关键词对应的所有论文的出版年份和被引频次信息进行统计，并求出每个关键词在所采集论文中的平均出现年份和平均被引频次，以分别探讨热爆炸主题的趋势和影响。

20世纪80年代，法国巴黎国立矿业第一社会创新中心和法国国家科学研究中心合作开发了LEXIMAPPE系统，标志着共词分析的诞生，并在Callon等学者的努力下得到了发展（Callon et al.，1991；He，1999）。共词分析是通过统计词语在文本中两两出现的次数来构建主题网络的分析方法。在实际分析中，通常首先进行多维尺度分析，将关键词之间的关系投射到二维空间，然后依据主题聚类的结果进行主题分组标记，从而获得某领域的主题结构。这种先后对关键词共现矩阵进行映射和聚类的方法，在实际操作中不仅烦琐而且对于大规模的主题分析也很不理想。2010年，莱顿大学科学技术元勘中心的 van Eck 和 Waltman 共同提出一种新的整合布局和聚类的共现矩阵映射和聚类得方法 VOS 方法。VOS 全称为 Visualization of Similarity，其包含两个模块，即 VOS 布局（van Eck et al., 2010）和 VOS 聚类方法（Waltman et al., 2010），在分析中分别完成共现矩阵的映射和聚类。

在 VOSviewer 中，使用关联强度法对"词对关系"进行标准化：

$$S_{ij} = \frac{2mc_{ij}}{c_i c_j} \quad (3-1)$$

式中，S_{ij}——知识单元 i 和 j 标准化后的相似性；

m——知识单元共现频次的总和（或称网络中所有边的权重）；

c_{ij}——知识单元 i 和 j 的共现次数（或称权重）；

c_i, c_j——知识单元 i、j 的频次（或称知识单元 i、j 在网络中的带权度）。

在知识单元共现矩阵进行标准化的基础上，进一步按照 VOS 布局策略，将知识单元按照空间相似性投射到二维空间。VOS 将知识单元投射到二维空间的基本思路是最小化所有"元素对"欧几里得距离平方的加权和，即

$$V(\boldsymbol{x}_1, \boldsymbol{x}_2, \cdots, \boldsymbol{x}_n) = \sum_{i<j} S_{ij} \|\boldsymbol{x}_i - \boldsymbol{x}_j\|^2 \quad (3-2)$$

其中，两个知识单元之间的距离 d_{ij} 按照下式进行计算：

$$d_{ij} = \|\boldsymbol{x}_i - \boldsymbol{x}_j\| = \sqrt{\sum_{k=1}^{p}(x_{ik} - x_{jk})^2} \quad (3-3)$$

在 VOSviewer 中完成对知识单元的布局后，通过对下式的最大化来实现知识单元的聚类：

$$V(c_1, c_2, \cdots, c_n) = \sum_{i<j} \delta(c_i, c_j)(s_{ij} - \gamma) \quad (3-4)$$

式中，$\delta(c_i, c_j)$——克罗内克函数，c_i 表示 i 所属的类，如果 $c_i = c_j$，则 $\delta(c_i, c_j) = 1$，否则为 0；

γ——聚类的分辨率，该数值越大，则识别的类越多。

在 VOSviewer 中对不同知识单元进行分析时，本研究使用了默认的布局和聚类参数。在多数情况下，用户可以得到相对比较满意的布局和聚类，但在具体的应用中需要进一步优化布局和聚类参数。在可视化布局中，VOSviewer 提供了 Attraction（吸引因子）和 Repulsion（排斥因子）来优化结果。

为了优化节点在二维空间的布局，需要求解下式的最小化：

$$L(\boldsymbol{x}_1, \boldsymbol{x}_2, \cdots, \boldsymbol{x}_n) = \frac{1}{\alpha}\sum_{i<j} a_{ij}\|\boldsymbol{x}_i - \boldsymbol{x}_j\|^{\alpha} - \frac{1}{\beta}\sum_{i<j}\|\boldsymbol{x}_i - \boldsymbol{x}_j\|^{\beta}$$

(3-5)

式中，$\boldsymbol{x}_i$——节点在二维空间的位置；

a_{ij}——节点 i 与 j 之间的连线权重；

α, β——吸引和排斥的参数，$\alpha > \beta$。

其中，α 为 [-9, +10] 取值范围内的整数，β 为 [-10, +9] 取值范围内的整数。传统的 VOS 布局技术的推荐参数为 $\alpha = 2$，$\beta = 1$；LinLog 与 Modularity 配合使用的推荐参数为 $\alpha = 1$，$\beta = 0$。在实际的参数设置中，用户需要根据所分析的网络来对网络参数进行调整，使可视化结果更加清晰。

在聚类过程中，VOSviewer 提供了聚类最小规模和聚类分辨率两个参数来优化聚类（李杰，2018）。聚类最小规模可以用于限制每个聚类中最小应包含的关键词的数量，当聚类很小时，可通过设定该参数将其合并到周边大的聚类中。聚类分辨率是用来对聚类数量进行控制的参数，若提高聚类分辨率，那么聚类数量就会增加，反之，聚类数量会减少。

第 3 步，本章按照图 3-1 所示的流程对热爆炸的研究主题进行分析。首先，将采集的热爆炸研究数据导入 VOSviewer，并进行关键词的初步分析。依据初步分析的结果，对原始关键词中存在的单复数、英美拼写等问题进行识别，建立关键词的词集。在词集的基础上，再一次导入数据并加载词集对数据进行分析。最后，经过参数优化，得到最终结果。

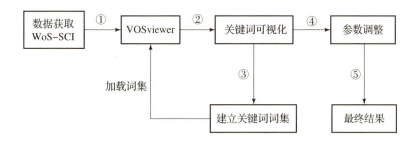

图 3-1 热爆炸研究的关键词分析流程图

■ 3.3 热爆炸热点主题聚类

在科技论文中，论文作者给出的关键词是对论文内容的高度概括，因此对热爆炸论文中关键词的挖掘与分析，能够在一定程度上反映热爆炸的研究热点与趋势。从论文数据中一共提取了 4 025 个关键词，并对所提取的关键词进行词频分布的分析，结果如图 3-2 所示。

从分析结果不难得出，热爆炸研究关键词的分析呈幂律分布。热爆炸研究的关键词相对集中在很少的研究主题上，这些主题是热爆炸研究的热点。在提取的热爆炸关键词中，"Thermal Explosion"出现了 450 次。这是由于本研究分析的对象文本就是热爆炸研究，因此其有了最高的词频。此外，在热爆炸研究中涉及的热点研究关键词有 Combustion Synthesis（燃烧合成，131 次）、Combustion（燃烧，126 次）、Kinetic（动力学，110 次）、Decomposition（分解，108 次）、Crystal Structure（晶体结构，96 次）、Mechanism（机理，96 次）、Microstructure（微结构，96 次）、High-Temperature Synthesis（高温合成，94 次）、Energetic Material（含能材料，90 次）、Thermal Behavior（热行为，81 次）、Self-Propagating High Temperature Synthesis（自蔓延式高温合成，79 次）以及 Thermal Decomposition（热分解，69 次）等方面，更详细的热爆炸研究热点参见表 3-1。

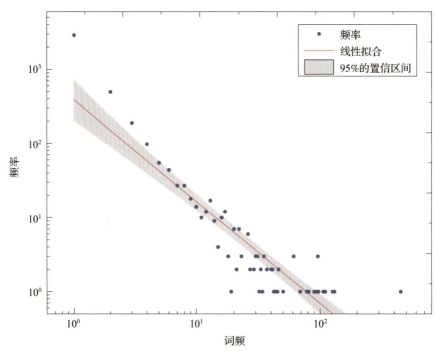

图3-2 热爆炸研究关键词的词频分布

表3-1 热爆炸研究的高频关键词

关键词	频次
Thermal Explosion	450
Combustion Synthesis	131
Combustion	126
Kinetic	110
Decomposition	108
Ignition	106
Differential Scanning Calorimetry	97
Crystal Structure	96
Mechanism	96
Microstructure	96

续表

关键词	频次
High – Temperature Synthesis	94
Energetic Material	90
Thermal Behavior	81
Self – Propagating High Temperature Synthesis	79
Behavior	78
Thermal Decomposition	69
Explosion	61
System	61
Temperature	61
Intermetallic	50
Aluminum	46
Mechanical Properties	45
Stability	44
Alloy	43
Runaway Reaction	42
Composite	41
Salts	41
Reactant Consumption	40
Model	37
Time – To – Explosion	37
Mechanical Activation	35
Nonisothermal Decomposition Kinetics	35
Powder	35

续表

关键词	频次
HMX①	34
Explosives	33
Sensitivity	33
Thermal Safety	32
1,1 – Diamino – 2,2 – Dinitroethylene	31
Fabrication	31
Heat Capacity	31

进一步对所提取的高频关键词进行共词网络的聚类分析,结果如图3-3所示,各聚类中的热爆炸高频关键词如表3-2所示。在网络中,节点和标签的大小与关键词词频的大小成正比,节点和标签越大则表示词频越高。关键词与关键词在空间的距离表征了其在语义上的相似性,在研究中通过网络聚类的方法将关系密切的主题词划分在同一类别中。

对共词网络进行聚类后,将热爆炸研究划分为4个主题类别。依据各类中包含的高频关键词(见表3-2),对聚类进行命名,分别为:聚类#1 热爆炸理论基础、聚类#2 热合成、聚类#3 含能材料、晶体结构与热行为;聚类#4 热分解。

图3-4展示了热爆炸研究主题词的分布情况,按照聚类序号从#1到#4,聚类中关键词的数量逐渐减少。在一个聚类中,关键词含有的数量越多,则反映对应聚类的研究越丰富。在空间分布上,聚类#1 热爆炸理论基础与其他3个聚类的关键词都有密切的联系,特别是聚类#1位于聚类#2和聚类#4之间,是热爆炸研究中的核心主题群落。聚类#3的研究主要与聚类#4的主题群紧密相连,与聚类#1、聚类#2的距离较远。

---

① $C_4H_8N_8O_8$, Octahydro – 1,3,5,7 – tetranitro – 1,3,5,7 – tetrazocine, 奥克托今是一种猛(性)炸药,学名环四亚甲基四硝胺。

3 热爆炸热点主题的学术地图

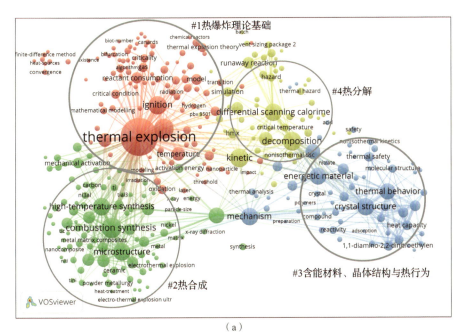

(a)

(b)

图 3-3 热爆炸研究主题的聚类

(a) 热爆炸热点研究主题的聚类分布；(b) 热爆炸热点研究主题的密度图

注：热爆炸研究热点图中共包含了出现频次不小于 5 次的 336 个关键词，这些关键词之间共包含了 6 536 对联系。

· 53 ·

表 3-2 热爆炸研究的高频关键词聚类

#1 聚类词	词频	#2 聚类词	词频	#3 聚类词	词频	#4 聚类词	词频
Thermal Explosion	450	Combustion Synthesis	131	Crystal Structure	96	Kinetic	110
Combustion	126	Microstructure	96	Mechanism	96	Decomposition	108
Ignition	106	High-Temperature Synthesis	94	Energetic Material	90	Differential Scanning Calorimetry	97
System	61	Behavior	78	Thermal Behavior	81	Explosion	61
Temperature	61	Self-Propagating High Temperature Synthesis	79	Thermal Decomposition	69	Stability	44
Reactant Consumption	40	Intermetallic	50	Salts	41	Runaway Reaction	42
Mode	37	Aluminum	46	Time-To-Explosion	37	HMX	34
Detonation	30	SHS	46	Nonisothermal Decomposition Kinetics	35	Simulation	29
Initiation	30	Mechanical Properties	45	Explosives	33	Cumene Hydroperoxide	22
Gas	27	Alloy	43	Sensitivity	33	Hazard	22
Critical Condition	26	Composite	41	Thermal Safety	32	Critical Temperature	20

续表

#1 聚类词	词频	#2 聚类词	词频	#3 聚类词	词频	#4 聚类词	词频
Oxidation	26	Self-Propagating High Temperature Synthesis	40	1,1-Diamino-2,2-Dinitroethylene	31	Kinetic Parameter	20
Thermal Explosion Theory	26	Mechanical Activation	35	Heat Capacity	31	Sadt	20
Criticality	23	Powder	35	Complex	30	Thermal Hazard	18
Natural Convection	23	Fabrication	31	Theoretical Calculation	26	Nonisothermal Dsc	17
Equation	22	Titanium	29	Adiabatic Time-To-Explosion	23	Cookoff	16
Self Ignition	22	Diffusion	27	Molecular Structure	22	Thermal Stability	16
Autoignition	21	Activation Energy	26	Reactivity	21	Vent Sizing Package 2	14
Deflagration	20	Intermetallic Compound	26	Specific Heat Capacity	20	Dicumyl Peroxide	13
Mixture	20	Ceramic	22	Adiabatic Time	17	Parameter	13
Parametric Sensitivity	19	Titanium Carbide	22	Derivatives	17	Propellant	13
Numerical Simulation	17	Pressure	20	Thermolysis	17	RDX	13

续表

#1 聚类词	词频	#2 聚类词	词频	#3 聚类词	词频	#4 聚类词	词频
Particle	17	Nickel	18	Nonisothermal Kinetics	16	Self-Accelerating Decomposition Temperature	13
Transition	17	Powder Metallurgy	18	Thermal Analysis	16	Decomposition Kinetics	12
Flame	16	Matrix Composites	17	Thermodynamic Properties	16	Organic Peroxides	12
Mathematical Modelling	16	Porous Material	17	Compound	15	Calorimetry	11
Disappearance	14	Process Parameters	17	Safety	15	Arc	10
Hot Spot	14	Reaction Synthesis	17	Copper	14	Prediction	10
Radiation	14	Synthesis	17	Crystal	13	Hydrogen Peroxide	9
Reactors	14	Thermal Explosion Mode	16	Explosive Properties	13	Peroxide	9

3 热爆炸热点主题的学术地图

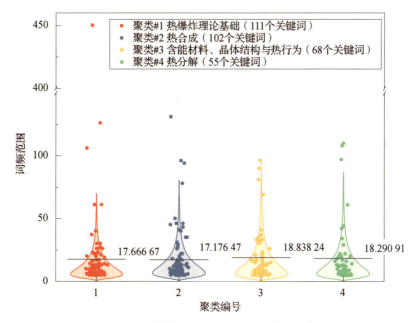

图 3-4　热爆炸研究主题聚类的统计分布

■ 3.4　热爆炸主题趋势与影响

3.4.1　热爆炸主题趋势分析

主题趋势分析是结合主题的时间信息，探索关键词在不同时期的变化情况的一种分析方法。在主题趋势分析中，既可以对某一单独的主题在时间维度上考察其随时间的变化情况，也可以计算每一个主题在文本集中出现的平均时间，以对主题之间进行横向比较。在本研究中，使用关键词在文本集中出现的平均时间来分析热爆炸研究的主题演进情况，分析得到的热爆炸关键词的平均时间分布如图 3-5 所示。图中计算了每一个关键词出现的平均时间，并使用不同的颜色进行了标记，颜色越接近蓝色则表明对应的主题更加接近早期的热爆炸研究，颜色越接近黄色，则表明对应的主题更加接近当前的热爆炸研究。节点颜色从蓝色向黄色的过渡，呈现了热爆炸研究主题的时间演化。

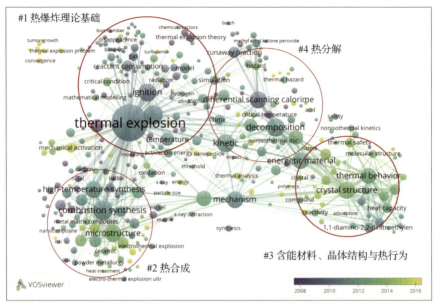

图 3-5　热爆炸研究主题趋势分析

热爆炸各类中关键词平均出现年份的统计分布如图 3-6 所示。通过关键词的时间分布特征不难得出：聚类#1 热爆炸理论基础研究、聚类#2 热合成和聚类#4 热分解中关键词的平均年份都在 2011 年前后，即关键词在平均年份无明显差异。聚类#3 含能材料、晶体结构与热行为关键词聚类中的平均年份明显要高于其他聚类，反映了聚类#3 为目前热爆炸研究的活跃领域。从关键词平均年份的跨度来看，聚类#1 热爆炸理论基础和#2 热合成的时间跨度最大，反映了这两个聚类中研究主题具有较长的历史。在整个时间维度上，热爆炸的研究先后经历从聚类#1 热爆炸理论基础的研究、聚类#2 热合成的研究、聚类#4 热分解的研究，并转向了近期的含能材料、晶体结构与热行为的研究。

在本研究中，将出现平均年份大的关键词定义为新颖性主题。这些关键词的和主要特点就是其所出现的论文的平均时间大，即接近近期的研究。从各聚类中筛选的热爆炸新颖性主题，如图 3-7 所示。

在聚类#1 中，新颖性主题有 Pre - Ignition（预点火）、Physiology（生理机能）、Thermal Explosion Problem（热爆炸问题）、Temperature Gradient（温度梯度）、Pentaerythritol Tetranitrate（戊四醇四硝酸酯）以及 Finite - Difference Method（有限差分法）等。

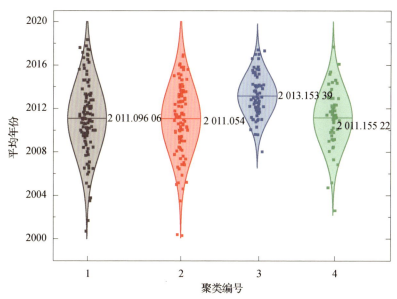

图 3-6 热爆炸研究关键词时间的统计分布

在聚类#2 中，新颖性主题有 Porous Material（多孔材料）、Iron Aluminides（铁铝化合物）、Metal（金属）、Ball Milling（球磨）、Heat‐Treatment（热处理）、Ni‐Al System（Ni‐Al 系）以及 Mechanical Activation（机械活化）等。

在聚类#3 中，新颖性主题有 Metal‐Organic Frameworks（有机金属框架）、Performance（性能）、Furazan（呋咱）、Thermodynamics（热力学）、Detonation Properties（爆轰特性）、Coordination‐Compounds（配合物）、Rice Straw（稻草）、Nitrate（硝酸）以及 Polymers（聚合物）等。

在聚类#4 中，新颖性主题有 Degradation（退化）、Nitrocellulose（硝基）以及 Hazard Evaluation（灾害评估）等。

3.4.2　热爆炸主题影响分析

被引频次是衡量一篇论文影响力的普遍测度指标，那么在同一主题下的论文集合的平均被引频次则反映了特定研究主题的影响力。热爆炸关键词的平均被引频次在聚类上的叠加分布如图 3-8 所示。图中展示了不同关键词所在论文的平均被引频次，关键词的节点越接近红色，

序号	聚类#1	平均年份	聚类#2	平均年份	聚类#3	平均年份	聚类#4	平均年份
1	pre-ignition	2018.33	porous material	2016.94	metal-organic frameworks	2017.40	degradation	2017.67
2	physiology	2017.75	iron aluminides	2016.80	performance	2017.31	arc	2016.10
3	spline	2017.60	metal	2016.11	furazan	2017.00	nitrocellulose	2015.38
4	thermal explosion problem	2017.44	mode	2016.00	thermodynamics	2017.00	rdx	2015.15
5	tumor-growth	2017.40	ball milling	2015.80	detonation properties	2016.60	hazard evaluation	2014.60
6	heat-sources	2017.17	heat-treatment	2015.80	pretreatment	2016.60	ethyl ketone peroxide	2014.40
7	temperature gradient	2017.00	ni-al system	2015.60	coordination-compounds	2015.83	cl-20	2014.33
8	convergence	2016.90	mechanical activation	2015.54	rice straw	2015.80	kinetic-analysis	2014.25
9	pentaerythritol tetranitrate	2016.67	energy	2015.18	density	2015.63	reaction kinetics	2013.78
10	finite-difference method	2016.50	in-situ synthesis	2015.17	nitrate	2015.57	hazard	2013.60
11	singular boundary value problem	2016.25	sts systems	2015.08	polymers	2015.50	propellant	2013.00
12	turbulence	2016.00	microstructure evolution	2015.00	energetic salt	2015.33	nonisothermal dsc	2012.94
13	petn	2015.69	steel	2014.80	copper	2015.29	thermal stability	2012.94
14	nanoparticle	2015.60	particle-size	2014.67	detonation characterization	2015.17	decomposition kinetics	2012.92
15	size	2015.43	cermets	2014.63	thermal analysis	2015.06	sadt	2012.35
16	heat explosion	2015.13	fabrication	2014.61	derivatives	2014.88	thermal hazard	2012.33
17	design	2014.63	oxidation resistance	2014.20	ligand	2014.22	stability	2012.25
18	dissolution	2014.60	reduction	2014.17	tetrazole-1-acetic acid	2014.17	simulation	2012.14
19	thin-films	2014.60	diffraction	2014.14	crystal	2014.15	accelerating rate calorimeter	2012.13
20	degeneration conditions	2014.40	nanocomposite	2014.13	thermal property	2014.10	explosion	2012.05
21	particle	2014.06	alloy	2014.02	explosive properties	2014.08	impact sensitivity	2011.80
22	radiation	2013.79	process parameters	2013.94	salts	2014.07	prediction	2011.80
23	probability density function	2013.40	solid-state combustion	2013.67	thermal safety	2014.03	kinetic	2011.71
24	arrhenius problem	2013.33	mechanical properties	2013.64	complex	2013.97	cumene hydroperoxide	2011.55
25	existence	2013.33	phase formation	2013.54	adiabatic time	2013.82	delta phase-transition	2011.45
26	laser initiation	2013.29	tribological properties	2013.50	molecular structure	2013.64	physical chemistry	2011.40
27	critical condition	2013.23	elemental powders	2013.43	adsorption	2013.60	dicumyl peroxide	2011.38
28	mathematical modelling	2013.19	oxidation behavior	2013.29	acid	2013.50	hmx	2011.26
29	threshold	2013.14	powder metallurgy	2013.22	dnaz	2013.50	decomposition	2011.23
30	autoignition	2012.95	porosity	2013.18	crystal structure	2013.43		

图 3-7 热爆炸关键词聚类中的新颖性主题

则关键词的平均被引频次越高，所对应的研究主题在热爆炸研究中的影响力越高，同时也反映了该类主题在热爆炸研究中的受关注度高。

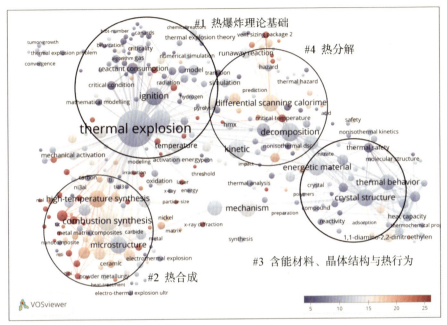

图 3-8　热爆炸研究关键词的平均被引频次分布

图 3-9 中展示了各聚类中关键词平均被引频次的统计分布情况，直观地展示了各聚类中关键词被引频次的分布情况。从各个聚类中关键词的平均被引频次的分布来看，仅有少部分关键词的被引频次处在比较高的位置，大多数关键词的平均被引频次处于比较小的程度。在热爆炸研究中，高影响关键词主要分布在聚类#2 热合成领域，即涉及这些主题研究的论文被引频次平均值要显著高于其他聚类。热合成研究中包含热爆炸的高影响关键词有 Reactive Synthesis（反应合成）、Ceramic-Matrix Composites（陶瓷复合材料）、Densification（致密化）、TiNi（钛镍）、Nickel Aluminides（镍铝化物）以及 Aluminide（铝）等代表性主题。相比而言，聚类#1 热爆炸理论基础研究主题的影响要普遍低于其他聚类的研究主题。通常一个主题所包含的主题研究越早，那么由于引用的时间累积效应，被引频次通常也越高。但热爆炸理论基础的研究主题影响分布出现了反常——早期主题的平均被引频次小于后期发表论文主题的被引频次。形成这种热爆

炸主题引证分布的原因主要有两点：其一，从事热爆炸理论基础研究的学者规模相比要小；其二，在解决热爆炸的理论和基础问题后，学者对这一子领域的涉足和关注比较少，产出很少（甚至停止发表论文），这就直接造成了该领域的主题影响力很低。

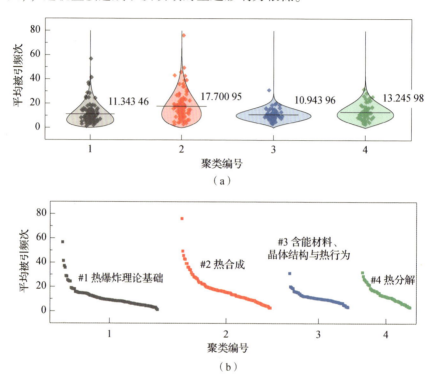

图3-9　热爆炸研究关键词平均被引频次的统计分布

■ 3.5　本章小结

对热爆炸主题聚类、趋势和影响的分析，能够为从事热爆炸相关研究的学者提供有效的信息参考，同时为了解热爆炸在主题角度的研究演化和发展提供客观依据。本章研究结果小结如下：

（1）从关键词词频和聚类角度来看，热爆炸的研究热点涉及燃烧与燃烧合成、热动力学、分解、晶体结构、机理研究、微结构以及含能材料等方面。热爆炸的关键词形成了四大聚类：热爆炸理论基础；热合成；热分解；含能材料、晶体结构与热行为。

（2）从关键词平均出现时间来看，热爆炸的研究先后经历热爆炸理论基础、热合成、热分解的研究，转向了近期的含能材料、晶体结构与热行为的研究。在近期热爆炸的研究中，Pre–Ignition（预点火）、Degradation（退化）、Metal–Organic Frameworks（有机金属框架）、Heat–Sources（热源）以及 Furazan（呋咱）等相关研究是热爆炸研究的热点主题。

（3）关键词的平均被引频次显示，含能材料、晶体结构、热行为和热爆炸理论基础的研究主题平均被引频次普遍较低。含能材料与晶体结构等方面关键词的平均出现年份相对晚，因此论文所累计的被引频次低。热爆炸理论作为基础研究，虽然开展时间很早，但由于研究人群很少，研究持续时间短和知识迭代速度快，论文的平均被引频次偏低。热合成的影响力在主题图上普遍高于其他领域，涉及的高影响主题有 Reactive Synthesis（反应合成）、Ceramic–Matrix Composites（陶瓷复合材料）、Densification（致密化）、TiNi（钛镍）、Nickel Aluminides（镍铝化物）以及 Aluminide（铝）等。

4 热爆炸知识基础的学术地图

4.1 引言

在热爆炸研究的科学技术史上,学者们通过借鉴前人的研究成果,不断地在原有的理论和实践基础上推进热爆炸的学术研究进程。在热爆炸研究科学共同体的共同努力下,研究内容不断深入和丰富,热爆炸的研究轨迹也在不断发展和变化过程中逐渐积累和沉淀。在经过一个多世纪的发展后,热爆炸的知识结构和演化路径已经基本稳定,对热爆炸在科学发展上形成的知识系统内部的演化轨迹的分析条件也已经成熟。通常科研人员可以借助领域内知名学者的综述性论文和系统性的前沿著作等来捕捉某一领域基于文献的演化轨迹。例如,在热爆炸的研究中,早在 1967 年,英国的 Gray P 和 Lee P R 就第一次以"热爆炸理论"为题对当时的热爆炸理论研究进行了综述。在同一时间,苏联的 Merzhanov A G 和 Dubovitskii F I 做了类似的工作。1977 年,Gray P 和 Sherrington M E 又专门对 1975 年以前热爆炸理论的研究进行综述。1981 年,Merzhanov A G 和 Abramov V G 发表了对热爆炸研究的综述分析(冯长根,1988)。2006 年,Shouman A R 在 *Journal of Engineering Mathematics*(《工程数学》)上发表《热爆炸一个方面的综述》(Shouman,2006)。这些热爆炸理论研究的先行者们的综述,为我们认识热爆炸早期的研究"图景"提供了详细的依据。虽然前文提到的相关成果为我们提供了一种了解某一时期热爆炸研究情况的途径，但每位学者或者学者团队对于热爆炸研究的认识并不是全面的。学者们往往专注于个人研究领域中的某些问题，将其在纵向上深入挖掘，而对领域整体格局和特征的认识上往往存在主观"盲人摸象"缺点。

随着数据科学和计算机可视化的不断发展，基于大规模文献数据的领域知识挖掘逐渐变得容易。特别是在近十年内，基于文献挖掘的知识发现和科学可视化得到了前所未有的发展，该技术和方法已经从图书情报领域、科学计量与文献计量领域渗透到了科学的各个领域。这种发展使得基于科技文献知识发现和可视化广为人知。在此背景下，本章将通过科学文献索引平台获取热爆炸的研究论文，从科技文献分析的视角来认识整个热爆炸研究过程中知识域的演化过程。

4.2 数据与方法

对1791篇论文的被引频次进行统计分析，如图4-1所示。从施引论文的被引分布来看，热爆炸论文被引频次的分布是极不平衡的。大量论文位于被引的低频次区域，仅有少量论文获得了高的被引频次。在被引论文的分布图中，被引频次大于10次的论文为522篇，占总论文数的29.1%；被引频次在10次以下的论文共有1 269篇，占比70.9%。在这些施引文献中，被引频次大于100的仅有18篇；被引频次大于50次的有76篇；被引频次大于20次的有265篇。

本部分的研究使用引文空间分析（Citation Space）技术对热爆炸的文献进行共被引分析，以探索热爆炸研究的知识基础的结构。引文空间挖掘技术是美国德雷塞尔大学情报学专业陈超美教授在文献共被引技术的基础上，以库恩科学革命中的范式转移为哲学基础（Kuhn，1962），结合文献被引和共被引（White，1981）的时间特征以及结构洞等理论和方法提出的科技文本态势和前沿探测技术。在引文空间的挖掘中，陈超美构建了被引文献和施引文献之间的映射关系，如图4-2所示。在CiteSpace中，研究前沿（Research Front）是正在兴起的理论趋势和新主题的涌现，文献的共被引网络则组成了知识基础（Intellectual Base）。

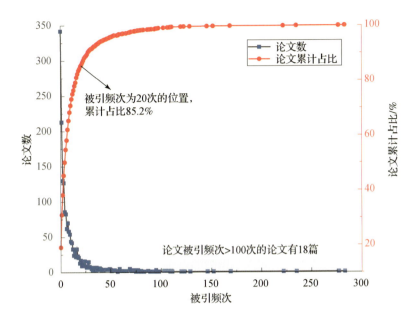

图 4-1 热爆炸施引论文被引频次-频次分布

在分析中，可以通过从施引文献的题目中提取突发性术语（Burst Terms）或共引网络的混合网络来实现对研究领域的态势分析（即共引文献和引用了这些文章术语的复合网络）。

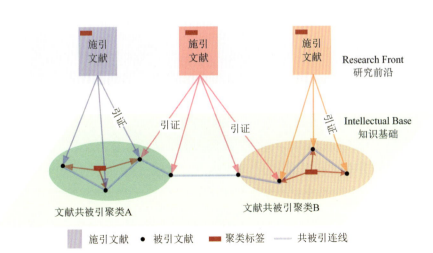

图 4-2 引文空间的概念模型

引文空间理论具体可以表述为：一个研究领域可以被概念化成一个从研究前沿 $\Psi(t)$ 到知识基础 $\Omega(t)$ 的时间映射 $\Phi(t)$，即 $\Phi(t):\Psi(t)\Omega(t)$。CiteSpace 实现的功能就是能够识别和显示 $\Phi(t)$ 随时间发展的新趋势和研究主题的突变。$\Psi(t)$ 是一组在 t 时刻与新趋势和突变密切相关的术语，这些术语被称为前沿术语。$\Omega(t)$ 由出现前沿术语的文章引用的大量文章组成，对它们之间的关系总结如下：

$$\Phi(t):\Psi(t)\Omega(t) \tag{4-1}$$

$$\Psi(t) = \{\text{term} \mid \text{term} \in S_{\text{title}} \cup S_{\text{abstract}} \cup S_{\text{descriptor}} \cup S_{\text{indentifier}} \wedge \text{IsHotTopic}(\text{term},t)\}$$

$$\Omega(t) = \{\text{article} \mid \text{term} \in \Psi(t) \wedge \text{term} \in \text{article}_0 \wedge \text{article}_0 \rightarrow \text{article}\}$$

式中，$S_{\text{title}}, S_{\text{abstract}}, S_{\text{descriptor}}, S_{\text{indentifier}}$——一系列标题、摘要、描述、标签专业术语；

IsHotTopic(term,t)——布尔函数；

$\text{article}_0 \rightarrow \text{article}$——$\text{article}_0$ 引用 article。

在引文空间分析中，CiteSpace 采用网络模块化值（Modularity）和剪影值（Silhouette）来衡量聚类的效果。

模块化值是对生成的复杂网络聚类效果的评价参数，模块化值越大，则表示得到的聚类划分越清晰，也就是聚类效果越好。模块化值通常用 Q 函数来表示，取值区间为 $[0,1]$，通常 $Q > 0.3$ 时就意味着得到的网络社团结构是显著的。Q 值计算式如下：

$$Q = \frac{1}{2m} \sum_{i,j} (a_{ij} - p_{ij}) \sigma(C_i, C_j) \tag{4-2}$$

式中，A——实际网络的邻接矩阵，$A = [a_{ij}]$；

p_{ij}——零模型中节点 i 与节点 j 之间连线边数的期望值；

$\sigma(C_i, C_j)$——节点 i 与节点 j 在网络中所属的社团。若节点 i 与节点 j 属于同一个社团，那么 $\sigma = 1$；否则 $\sigma = 0$。

剪影值（Silhouette）是另一个用来衡量聚类效果的指标，主要是通过衡量聚类中成员的同质性来对聚类进行评价（Rousseeuw，1987）。在数据集中，单个样本点剪影值的计算如下：

$$S_i = \begin{cases} 1 - \dfrac{a(i)}{b(i)}, & a(i) < b(i) \\ 0, & a(i) = b(i) \\ \dfrac{b(i)}{a(i)} - 1, & a(i) > b(i) \end{cases} \tag{4-3}$$

式（4-3）也可以改写为

$$S_i = \frac{b(i) - a(i)}{\max\{a(i), b(i)\}} \tag{4-4}$$

4.3 知识基础与聚类分析

在文献的共被引分析中，本研究将 1935—2020 年的时间切片设置为 2，以提取每个时间切片中排名前 50 的施引论文来构建文献的共被引网络。然后，对各个时间切片的文献共被引网络进行整合和聚类，得到包含 823 篇论文和 3 707 条共被引关系的网络。最后，对得到的文献共被引网络进行统计分析，如图 4-3 所示。其中，所提取的热爆炸高被引论文如表 4-1 所示。在该网络中，热爆炸的高被引论文大量集聚在 1980 年之后。这说明，在 1980 年以后热爆炸研究论文的受关注要整体更高一些。1980 年之前的热爆炸论文的总被引频次显著小于 1980 年以后，这主要是因为在 1980 年以前热爆炸研究的整体发文量较少，研究不如 1980 年以后活跃。

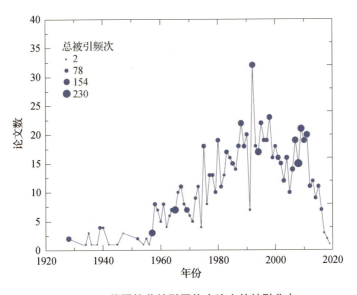

图 4-3 热爆炸共被引网络中论文的被引分布

表4-1 热爆炸研究中的高被引论著

序号	被引频次	年份	文献
1	202	1957	**Kissinger H E, 1957.** Reaction kinetics in differential thermal analysis（《微分热分析中的反应动力学》）. Anal Chem, 24：1702
2	179	1965	**Ozawa T, 1965.** A new method of analyzing thermogravimetric data（《分析热重数据的新方法》）. B Chem Soc Jpn, 38：1881
3	153	1994	**Zhang T L（张同来），1994.** The estimation of critical temperatures of thermal explosion for energetic materials using non–isothermal DSC（《利用非等温DSC对高能材料热爆炸临界温度的估算》）. Thermochim Acta, 244：171
4	104	1928	**Semonov N N, 1928.** On the theory of combustion processes（《燃烧过程理论》）. Zeitschrift für Physik, 48：571
5	87	1969	**Frank–Kamenetskii D A, 1969.** Diffusion and heat exchange in chemical kinetics（Appleton J P 译）（《化学动力学中的扩散和热交换》）Diffusion Heat Trans
6	72	2008	**Hu R Z（胡荣祖），2008.** Thermal anal kinetic（《热分析动力学》，科学出版社）
7	56	1985	**Zeldovich Y B, 1985.** The mathematical theory of combustion and explosions（《燃烧与爆炸的数学理论》）
8	50	1995	**Moore J J, 1995.** Combustion synthesis of advanced materials：Part I. Reaction parameters（《先进材料的燃烧合成 第一部分. 反应参数》）. Prog Mater Sci, 39：243

续表

序号	被引频次	年份	文献
9	40	2001	**Hu R Z（胡荣祖），2001.** Thermal anal kinetic（《热分析动力学》，科学出版社）
10	38	1975	**Smith L C, 1975.** An approximate solution of the adiabatic explosion problem（《绝热爆炸问题的近似解法》）. Thermochim Acta, 13: 1
11	38	1939	**Frank–Kamenetskii D A,** 1939. Temperature distribution in reaction vessel, and stationary theory of thermal explosion（《反应容器中的温度分布和热爆炸的静止理论》）. Zhurnal Fizicheskoi Khimii, 13: 738
12	37	1964	**Adler J, 1964.** The critical conditions in thermal explosion theory with reactant consumption（《热爆炸理论中反应物消耗的临界条件》）. Combustion and Flame, 8: 97.
13	36	1989	**Munir Z A, 1989.** Self–propagating exothermic reactions: The synthesis of high–temperature materials by combustion（《自蔓延的放热反应：高温材料的燃烧合成》）. Material Science Reports, 3: 277
14	36	1978	**Kassoy D R, 1978.** The influence of reactant consumption on the critical conditions for homogeneous thermal explosions（《反应剂消耗量对同位素热爆炸临界条件的影响》）Q J Mech Appl Math, 31: 99
15	35	2010	**Yi J H（仪建华），2010.** Thermal behaviors, nonisothermal decomposition reaction kinetics, thermal safety and burning rates of BTATz–CMDB propellant（《BTATz–CMDB推进剂的热行为、非等温分解反应动力学、热安全和燃烧率》）. J Hazard Mater, 181: 432
16	34	2008	**Xu K Z（徐抗震），2008.** Thermal behavior, specific heat capacity and adiabatic time–to–explosion of G（FOX–7）（《G（FOX–7）的热行为、比热容和绝热爆炸时间》）. J Hazard Mater, 158: 333

续表

序号	被引频次	年份	文献
17	33	1977	**Boddington T, 1977.** Criteria for thermal explosions with and without reactant consumption（《有反应物消耗和无反应物消耗的热爆炸标准》）. P Roy Soc Lond a Mat, 357：403
18	33	2011	**Vyazovkin S, 2011.** ICTAC Kinetics Committee recommendations for performing kinetic computations on thermal analysis data（《ICTAC 动力学委员会关于对热分析数据进行动力学计算的建议》）. Thermochim Acta, 520：1
19	30	1988	**Hu R Z（胡荣祖），1988.** The determination of the most probable mechanism function and three kinetic parameters of exothermic decomposition reaction of energetic materials by a single non – isothermal DSC curve（《单一非等温 DSC 曲线对高能材料放热分解反应最可能的机理函数和三个动力学参数的测定》）. Thermochim Acta, 123：135

  本研究对热爆炸的文献共被引网络进行聚类，共得到 103 个聚类。模块化值为 0.844 7，这说明当前对文献共被引网络的聚类划分是清晰的。平均剪影值为 0.442 4，相对偏低，这是在分析中得到的大量较小的孤立聚类引起的。在本研究中，我们将重点分析剪影值高的聚类。

  在热爆炸文献共被引网络中，最大子网络是最为重要的知识连接，共包含 576 篇（占比 69%）论文，如图 4 - 4 所示。图中，一个节点代表一篇论文，论文与论文之间的连线反映了两篇论文存在共被引关系；连线的颜色代表了两篇论文首次共被引关系建立的时间，颜色越浅表示时间越近；整个图谱色彩的变化，体现了热爆炸研究的演进过程。首先，对热爆炸研究的高被引论文进行分析。图中显示了热爆炸高被引论文（被引频次不少于 15 次）主要集中在两个核心区域：其一，位于网络上方的关于晶体结构等方面研究；其二，位于图谱下方的热爆炸理论基础研究群。

图 4-4　热爆炸研究的共被网络分析（图中显示的论文被引频次≥15 次）

然后，使用陈超美开发的文献共被引聚类的标签自动提取技术（Chen，2010），对文献共被引网络聚类进行命名，生成的文献共被引网络图如图 4-5、图 4-6 所示。图中,不同的色块代表了不同的聚类;图 4-5 中代表有编号的标签表示通过 LLR 算法从施引论文的标题中所提取的名词性术语;图 4-6 中显示了各个聚类中被引排名前 5 的论文。

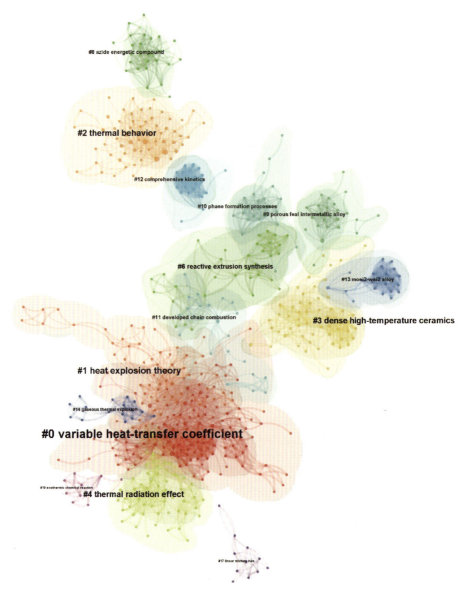

图 4-5　热爆炸研究的知识基础聚类(文献共被引网络的聚类命名)

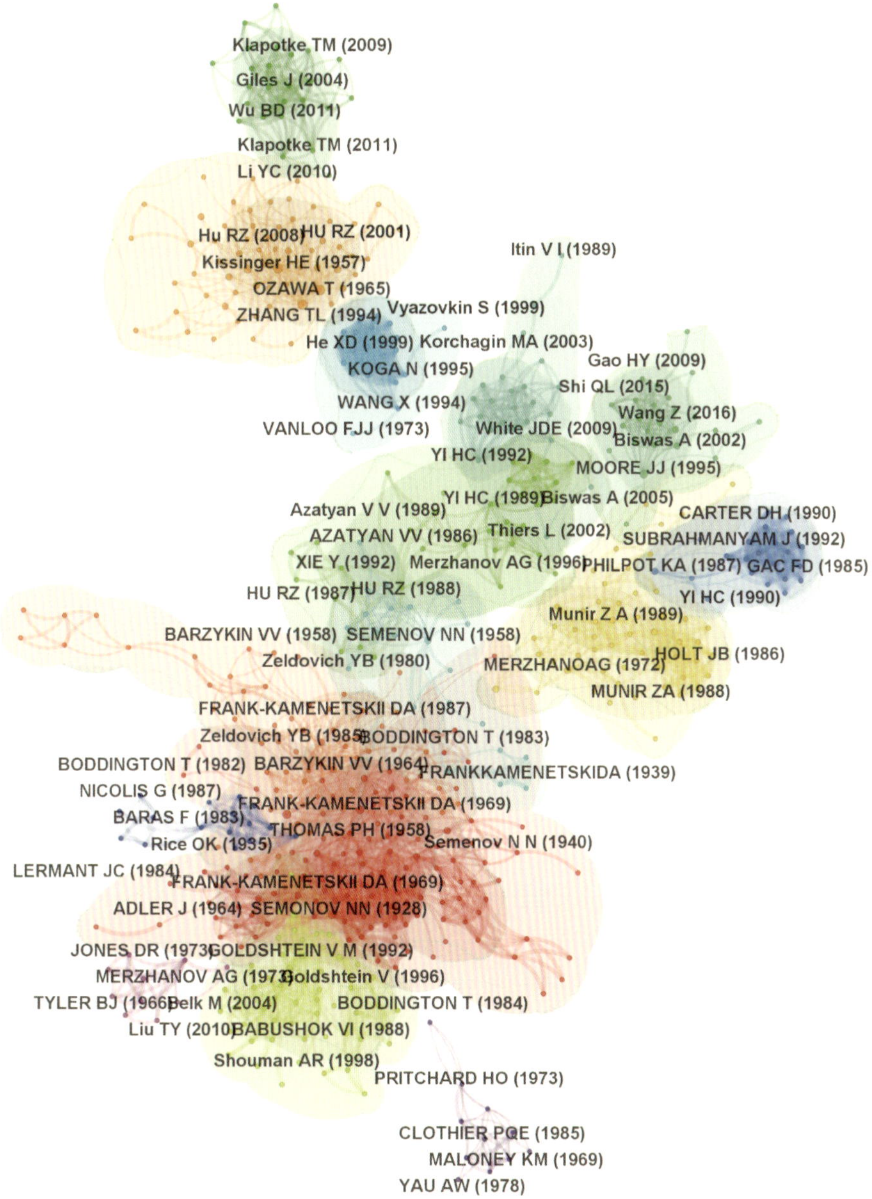

图 4-6 热爆炸研究的知识基础聚类（共被引网络各聚类中被引排名前 5 的论文）

进一步对排名前 5 的聚类（#0～#4）进行分析，如表 4-2 所示。

表 4-2　热爆炸知识基础的聚类（最大子网络部分）

聚类编号	聚类规模	剪影值	平均年份	LLR算法提取的聚类名称
0	128	0.936	1974	Variable Heat – Transfer Coefficient; Runaway Reaction; Uniform Temperature System; Thermal – Explosion Theory
1	64	0.925	1965	Heat Explosion Theory; Porous Layer; Gaseous Reactant; Linear Heating; Thermal Explosion
2	63	0.975	2001	Thermal Behavior; Crystal Structure; 1 – Acetic Acid
3	55	0.991	1990	Dense High – Temperature Ceramics; Bn – Ti Powder Blend; Explosion Processes; Physical Chemistry
4	54	0.969	1992	Thermal Radiation Effect; Containing Fuel Droplet; Umerical Decomposition Approaches

注：聚类规模表示对应聚类中包含的论著篇数；剪影值用于衡量聚类内部文献的同质性；平均年份表示对应聚类所包含论文的平均年份。

聚类#0中知识基础对应的研究内容主要涉及 Variable Heat – Transfer Coefficien（变传热系数）、Runaway Reaction（失控反应）、Uniform Temperature System（均匀温度系统）以及 Thermal – Explosion Theory（热爆炸理论），属于热爆炸基础研究中关注的主题研究。

聚类#0中代表性的知识基础论文，如表4-3所示。该类中包含的知识基础文献主要是热爆炸早期一些研究工作，年份跨度为1928—1985年。在该聚类中，最具代表性的是谢苗诺夫（Semenov N N）及其博士生 Frank – Kamenetskii D A 的研究，他们的研究在热爆炸理论研究中具有重要意义。谢苗诺夫在1928年发表了 *Theories of combustion processes*，该论文用数学解决了热图中反应生热曲线和散热直线的切点，提出了点火的判据，开创了热爆炸理论（该论文论证了均温系统的毕渥数 $Bi=0$，对 Arrheniw 项采用指数近似，不考虑反应物消耗）。如图 4-7 所示，谢苗诺夫的研究已经近 100 年，但是其论文仍然被广泛引用。

表 4-3 聚类#0 的代表性知识基础论著

序号	被引频次	作者	发表年份	出版物
1	104	Semenov N N	1928	*Zeitschrift für Physik*
2	87	Frank-Kamenetskii D A	1969	*Diffusion Heat Trans*
3	56	Zeldovich Y B	1985	*The mathematical theory of combustion and explosions*
4	38	Frank-Kamenetskii D A	1939	*Zhurnal Fizicheskoi Khimii*
5	37	Adler J	1964	*Combustion and Flame*

注：被引频次为对象论文被所下载的 1 971 篇论文所引用的次数，即本地被引频次（LCS）。

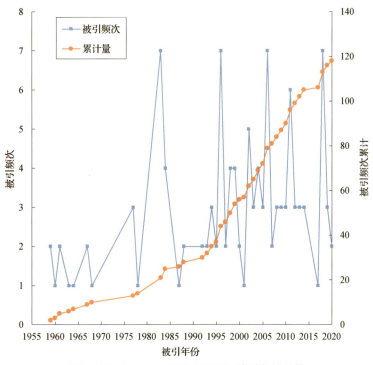

图 4-7 Semenov N N（1928）被引年份趋势

在谢苗诺夫（Semenov N N）的研究基础上，1939 年 Frank – Kamenetskii D A 在 *Zhurnal Fizicheskoi Khimii* 上发表论文，修正了 Semenov 理论中关于均温的假定（考虑了热传导，Arrheniw 项仍采用指数近似，不考虑反应物消耗），提出了温度各点不同理论，创立了新的热爆炸理论，后来又被称为 Frank – Kamenetskii 理论。

聚类#0 中与知识基础关联密切的研究前沿主要包含表 4 – 4 所列的 5 篇论文，这些论文至少引用了 9 篇聚类#0 中的知识基础论文。在这 5 篇论文中，代表作者有三位，分别为 Schuler H、Kassoy D R 和 Elsayed S A。Schuler H 的研究主要是搅拌系统和非搅拌系统中失控反应的动力学特征，Kassoy D R 研究的是超临界空间的热爆炸，Elsayed S A 研究的是热爆炸理论中变传热系数的相关问题。

表 4 – 4　聚类#0 的代表性研究前沿论文

序号	Coverage	前沿论文
1	11	**Schuler H，1992.** Dynamics of runaway reactions in non-stirred systems（《非搅拌系统中失控反应的动力学特性》）. Chemie Ingenieur Technik
2	11	**Schuler H，1992.** Dynamics of runaway reactions in well – stirred systems（《搅拌良好的系统中失控反应的动力学特性》）. Chemie Ingenieur Technik
3	10	**Kassoy D R，1977.** Supercritical spatially homogeneous thermal – explosion – initiation to completion（《超临界空间均匀热爆炸—点火到完成》）. Quarterly Journal of Mechanics and Applied Mathematics
4	9	**Elsayed S A，1994.** Critical conditions in uniform temperature systems with variable heat – transfer coefficients in thermal – explosion theory（《热爆炸理论中变传热系数的均匀温度系统的临界条件》）. Journal of Loss Prevention in the Process Industries

续表

序号	Coverage	前沿论文
5	9	**Elsayed S A,1994.** Critical conditions in uniform temperature systems with variable heat – transfer coefficient in thermal – explosion theory (《热爆炸理论中变传热系数的均匀温度系统的临界条件》). Combustion and Flame

注：Coverage 是指对象论文所引用的对应聚类中知识基础论文的篇数；前沿论文为在引用对应知识基础论文次数较大的施引文献。

聚类#1 中知识基础对应的研究内容主要涉及 Heat Explosion Theory（热爆炸理论）、Porous Layer（多孔层）、Gaseous Reactant（气态反应物）以及 Linear Heating（线性加热）。

聚类#1 的代表性知识基础论文如表 4 – 5 所示。这些知识基础论文的年份跨度为 1940—1987 年，具有代表性的学者有 Barzykin V V、Frank – Kamenetskii D A、Thomas P H、Merzhanov A G 以及 Semenov N N，这些学者都是热爆炸理论研究中的代表学者。在该类中，最具代表性的研究是 1958 年 Thomas P H 在 *T Faraday Soc* 上发表的论文，该论文用毕渥数 Bi 统一了 Semenov 理论和 Frank – Kamenetskii 理论，是热爆炸理论的进一步发展。在热爆炸的理论研究中，$Bi = 0$ 对应于均温系统（Semenov 理论），$Bi \to \infty$ 对应于非均温系统（Frank – Kamenetskii 理论）。Thomas P H 分析了非均温系统（$0 \leqslant Bi < \infty$），对 Arrheniw 项采用指数近似，不考虑反应物的消耗。

表 4 – 5 聚类#1 的代表性知识基础论文

序号	被引频次	作者	发表年份	发表刊物
1	22	Barzykin V V	1964	*Prikl Mekh Tekh Fiz*
2	16	Frank – Kamenetskii D A	1987	*Diffusion Heat Trans*
3	16	Thomas P H	1958	*T Faraday Soc*
4	14	Barzykin V V	1958	*Dokl Akad Nauk SSSR*

续表

序号	被引频次	作者	发表年份	发表刊物
5	13	Merzhanov A G	1966	*Usp Khim*
6	13	Semenov N N	1940	*Usp Fiz Nauk*

聚类#1 的代表性研究前沿论文如表 4 - 6 所示。这些研究前沿论文代表了该时期与知识基础联系密切的研究论文。该聚类的研究前沿论文主要是对热爆炸理论的分析和研究，其中 Merzhanov A G（1996）和 Lyubchenko I S（1980）对谢苗诺夫（Semenov N N）的成果进一步研究。此外，Merzhanov A G（1967）对热爆炸和点火作为凝聚相放热反应形式动力学研究的方法进行了研究，Liubchenko I S（1977）研究了线性加热条件下的热爆炸动态机制，Burkina R S（1996）研究了气态反应物扩散的多孔层的热爆炸特征。整体来看，在聚类#1 中无论是知识基础还是研究前沿，都反映了该类是热爆炸理论的研究群落。

表 4 - 6　聚类#1 的代表性研究前沿论文

序号	Coverage	前沿论文
1	8	**Merzhanov A G, 1996.** Heat explosion theory. from N. N. Semenov to the present time（《从 N. N. 谢苗诺夫到现在的热爆炸理论》）. Khimicheskaya Fizika, 15：42
2	6	**Burkina R S, 1996.** Characteristics of thermal explosion in a porous layer with diffusion of a gaseous reactant（《气态反应物扩散的多孔层中的热爆炸特征》）. Combustion Explosion and Shock Waves
3	5	**Lyubchenko I S, 1980.** Theory of thermal - explosion by Semenov, N. N. and its interpretation in the works of Greya（《谢苗诺夫的热爆炸理论及其在格雷亚论著中的解释》）. Zhurnal Fizicheskoi Khimii

续表

序号	Coverage	前沿论文
4	5	**Merzhanov A G，1967.** Thermal explosion and ignition as a method for formal kinetic studies of exothermic reactions in condensed phase（《热爆炸和点火作为凝聚相放热反应形式动力学研究的方法》）Combustion and Flame
5	5	**Liubchenko I S，1977.** Dynamic regimes of thermal-explosion under conditions of linear heating（《线性加热条件下的热爆炸动态机制》）. Doklady Akademii Nauk SSSR

聚类#2 中知识基础对应的研究内容主要涉及 Thermal Behavior（热行为）、Crystal Structure（晶体结构）、1 - Acetic Acid（1 - 乙酸）等方面。

聚类#2 代表性的知识基础论文如表 4 - 7 所示。这些知识基础论文的年份跨度为 1957—2008 年，且论文在本地数据集中被引频次首次突破了 200，作者中出现了来自我国的学者（北京理工大学张同来和西安近代化学研究所胡荣祖）。

表 4 - 7 聚类#2 代表性的知识基础论著

序号	被引频次	作者	发表年份	出版物
1	202	Kissinger H E	1957	*Anal Chem*
2	179	Ozawa T	1965	*B Chem Soc Jpn*
3	153	Zhang T L（张同来）	1994	*Thermochim Acta*
4	72	Hu R Z（胡荣祖）	2008	*Thermal Anal Kinetic*
5	40	Hu R Z（胡荣祖）	2001	*Thermal Anal Kinetic*

在该聚类中，被引频次最高的论文为 Kissinger H E 发表在 *Anal Chem* 的论文 *Reaction kinetics in differential thermal analysis*（《微分热分析中的反应动力学》），探讨了固体 + 气体类型的反应动力学对相应的微分热分析模式的影响，并在热爆炸领域内部从 1999 年到 2020 年得到了持续的引用，如图 4 - 8 所示。

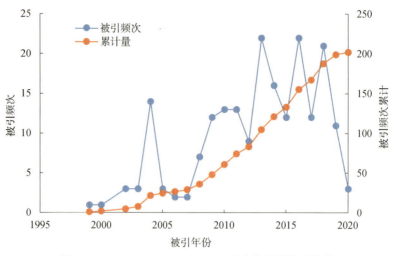

图 4-8　Kissinger H E（1957）论文的被引年份趋势

该聚类中排名第二的是 1965 年 Ozawa T 在 *B Chem Soc Jpn* 发表的论文 *A new method of analyzing thermogravimetric data*（《一种分析热重数据的新方法》）。该论文提出了一种从热重曲线中获取动力学参数的新方法，该方法简单，适用于其他方法无法分析的反应；阐明了加热速率对热重曲线的影响，并得出了不同加热速率下实验曲线的主曲线。正因为如此，该论文在发表之后持续在热爆炸研究中被引用，如图 4-9 所示。

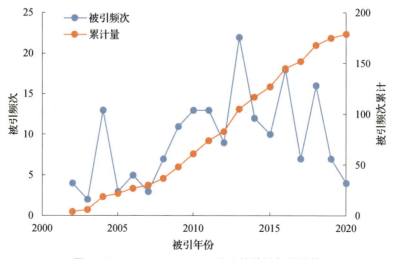

图 4-9　Ozawa T（1965）论文的被引年份趋势

我国学者北京理工大学张同来在北京科技大学从事博士后研究期间，1994 年在 *Thermochim Acta* 发表的论文 *The estimation of critical temperatures of thermal explosion for energetic materials using non – isothermal DSC*（《利用非等温 DSC 对含能材料热爆炸临界温度的估算》）被引 179 次，排名第三。该论文的主要贡献在于根据 Semenov N N 的热爆炸理论和非等温动力学方程推导出含能材料热爆炸临界温度的估算方法。该论文目前仍然有持续的影响力，在热爆炸研究领域得到了广泛的应用，如图 4 - 10 所示。

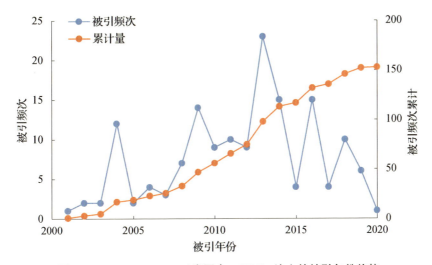

图 4 - 10 ZHANG T L（张同来，1994）论文的被引年份趋势

排在第四位和第五位的是我国学者胡荣祖在科学出版社出版的《热分析动力学》的不同版本，该书系统性地讲述了热分析的理论、方法和技术。该书在 2001 年和 2008 年先后出版了两次，在热爆炸研究领域有重要的学术影响力。

聚类#2 代表性的研究前沿论文如表 4 - 8 所示。在该聚类的研究前沿论文中，Wu Bi – Dong（2013 a,b）的两篇论文与该类关联强度最大，其研究主要涉及化合物的制备、晶体结构和热分解的分析。Jin Xin（2015）、Li Zhi – Min（2013）以及 Wang Qian – You（2015）的论文也是对材料的合成、结构和热分解等进行分析。

表 4-8 聚类#2 的代表性研究前沿论文

序号	Coverage	前沿文献
1	29	**Wu Bi-Dong, 2013.** Preparation, crystal structure, and thermal decomposition of an azide energetic compound $[Cd(IMI)_2(N_3)_2]_n$(IMI = imidazole)(《叠氮化物高能化合物$[Cd(IMI)_2(N_3)_2]_n$(IMI = imidazole)的制备、晶体结构和热分解》). Journal of Coordination Chemistry, 66: 11
2	26	**Wu Bi-Dong, 2013.** Preparation, crystal structure, and thermal decomposition of the four-coordinated zinc compound based on 1,5-diaminotetrazole (《基于1,5-二氨基四氮唑的四配位锌化合物的制备、晶体结构和热分解方法》). Zeitschrift für Anorganische und Allgemeine Chemie
3	8	**Jin Xin, 2015.** A 1D cadmium complex with 3,4-diamino-1,2,4-triazole as ligand: synthesis, molecular structure, characterization, and theoretical studies (《以3,4-二氨基-1,2,4-三唑为配体的一维镉络合物：合成、分子结构、表征和理论研究》). Journal of Coordination Chemistry, 68: 13
4	7	**Li Zhi-Min, 2013.** Synthesis, structure and thermal behaviors of a magnesium (Ⅱ) complex with tetrazole-1-acetic acid (《镁(Ⅱ)与四唑-1-乙酸络合物的合成、结构及热行为》). Chinese Journal of Structural Chemistry
5	7	**Wang Qian-You, 2015.** Chelating energetic material nickel semicarbazide 2, 4, 6-trinitroresorcinol: synthesis, structure, and thermal behavior (《螯合能材料半氨基甲酸镍2,4,6-三硝基间苯二酚：合成、结构和热行为》). Zeitschrift für Anorganische und Allgemeine Chemie

聚类#3 中知识基础对应的研究内容主要涉及 Dense High-Temperature Ceramics（致密高温陶瓷）、Bn-Ti Powder Blend（Bn-Ti 粉末混合

物)、Explosion Processes(爆炸过程)、Physical Chemistry(物理化学)等。

聚类#3 的代表性知识基础论文如表 4-9 所示。该类中的知识基础论文普遍属于比较早的热爆炸研究成果,年份跨度为 1972—1996 年。论文的整体被引频次排位前 5 的都被引频次在 10 次以上。其中 Munir Z A 和 Merzhanov A G 是该类中最为突出的代表,他们各占了 40%。Munir Z A 在 1988 年和 1989 年分别在 *American Ceramic Society Bulletin* 和 *Materials Science Reports* 上发文研究了 *Synthesis of high temperature materials by self – propagating combustion methods*(《用自蔓延燃烧法合成高温材料》)和 *Self – propagating exothermic reactions：The synthesis of high – temperature materials by combustion*(《自蔓延的放热反应：燃烧合成高温材料》)。Merzhanov A G 分别于 1972 年和 1996 年在 *Dokl. Akad. Nauk SSSR*（*Proceedings of the USSR Academy of Sciences*）和 *Khim Fiz*（*Journal of Advances in Chemical Physics*）上发表了 *Selfpropagating high – temperature synthesis of high – melting inorganic compounds*（《高熔点无机化合物的自蔓延高温合成方法》）和 *The theory of thermal explosion：From N N Semenov to present day*（《热爆炸理论：从谢苗诺夫到今天》）。

表 4-9 聚类#3 代表性的知识基础论文

序号	被引频次	作者	发表年份	出版物
1	36	Munir Z A	1989	*Material Science Reports*
2	19	Munir Z A	1988	*American Ceramic Society Bulletin*
3	19	Merzhanov A G	1972	*Dokl Akad Nauk SSSR*
4	16	Merzhanov A G	1996	*Khim Fiz*
5	12	Holt J B	1986	*J Mater Sci*

Holt J B 在 1986 年在 *J Mater Sci* 发表了论文 *Combustion synthesis of titanium carbide – theory and experiment*（《碳化钛的燃烧合成-理论与实践》）。该论文研究从元素粉末中燃烧合成碳化钛,作为耐火化合物自蔓延高温合成(SHS)的模型系统进行了理论和实验研究；对石墨和钛粉燃烧形成 TiC X 的绝热温度进行了计算,以表明反应物的化学计量、

稀释和初始温度的影响。该研究在热爆炸研究领域内部亦有一定的影响力，在该类中被广泛引用。

聚类#3 的代表性研究前沿论文如表4-10所示。其中，Gutmanas E Y（1999）研究了通过压力下的热爆炸来制造致密高温陶瓷，Shapiro M（1999）分析了粉末混合物在受限模具中的热爆炸并进行了建模，Merzhanov A G（2003）探讨了无机材料物理化学与技术中的燃烧和爆炸过程等。Horvitz D（2002）研究了压力辅助SHS合成的铝酸镁钛铝化合物原位复合材料与互穿网络，Horvitz D（2002）分析了原位加工致密铝酸镁钛铝化合物互穿相复合材料。整体来看，该领域的研究者主要是国外学者，我国学者在该方面并不活跃。

表4-10 聚类#3的代表性研究前沿论文

序号	Coverage	前沿论文
1	18	**Gutmanas E Y, 1999.** Dense high-temperature ceramics by thermal explosion under pressure（《通过压力下的热爆炸来制造致密高温陶瓷》）. Journal of the European Ceramic Society, 19：13
2	11	**Shapiro M, 1999.** Modeling of thermal explosion in constrained dies for B_4C-Ti and Bn-Ti powder blends（《B_4C-Ti 和 Bn-Ti 粉末混合物在受限模具中的热爆炸建模》）. Journal of the European Ceramic Society
3	7	**Merzhanov A G, 2003.** Combustion and explosion processes in physical chemistry and technology of inorganic materials（《无机材料物理化学与技术中的燃烧和爆炸过程》）. Uspekhi Khimii, 72：23
4	5	**Horvitz D, 2002.** Pressure-assisted SHS synthesis of $MgAl_2O_4$-TiAl in situ composites with interpenetrating networks（《压力辅助SHS合成的 $MgAl_2O_4$-TiAl 原位复合材料与互穿网络》）. Acta Materialia, 50：11

续表

序号	Coverage	前沿论文
5	5	**Horvitz D, 2002.** In situ processing of dense Al$_2$O$_3$ – Ti aluminide interpenetrating phase composites（《原位加工致密 Al$_2$O$_3$ – Ti 铝化合物互穿相复合材料》）. Journal of the European Ceramic Society

聚类#4 中知识基础对应的研究内容主要涉及 thermal Radiation Effect（热辐射效应）、Containing Fuel Droplet（含燃料液滴）以及 Umerical Decomposition Approaches（数值分解法）。

聚类#4 的代表性知识基础论文如表 4 – 11 所示。该聚类的时间跨度为 1969—1998 年，亦属于早期的热爆炸研究。其中 Frank – Kamenetskii D A 于 1969 年在 Plenum Press 出版的著作 *Diffusion and heat exchange in chemical kinetics*（《化学动力学中的扩散和热交换》）被引频次最高。随后依次是 Gol'dshtein V 在 1992 年和 1996 年发表的两篇论文 *Singularity theory and some problems of functional analysis*（《奇点理论和函数分析的一些问题》）和 *Criterion for thermal explosion with reactant consumption in a dusty gas*（《含尘气体中反应物消耗的热爆炸标准》）。此外，还包含了两篇发表在 *Combust Flame* 上的论文，为 1988 年 Babushok V I 发表的 *Structure of the thermal explosion limit*（《热爆炸极限的结构》）和 *Accounting for reactant consumption in the thermal explosion problem* Ⅲ: *criticality conditions for the Arrhenius problem*（《热爆炸问题Ⅲ反应物消耗的核算：Arrhenius 问题的临界条件》）。

表 4 – 11 聚类#4 代表性的知识基础论著

序号	被引频次	作者	发表年份	出版物
1	28	Frank – Kamenetskii D A	1969	*Diffusion Heat Excha*
2	24	Gol'dshtein V	1992	*Am Math Soc Transl*
3	19	Gol'dshtein V	1996	*P Roy Soc A – Math Phy*
4	17	Babushok V I	1988	*Combustion and Flame*
5	14	Shouman A R	1998	*Combustion and Flame*

聚类#4 的代表性研究前沿论文如表 4－12 所示。在该类的研究前沿中，论文的主题指向了燃料液滴气体相关的热爆炸研究问题。

表 4－12　聚类#4 的代表性研究前沿论文

序号	Coverage	前沿论文
1	14	**Goldfarb I，1999.** Thermal radiation effect on thermal explosion in gas containing fuel droplets（《热辐射对含燃料液滴气体热爆炸的影响》）. Combustion Theory and Modelling
2	6	**Bykov V，2005.** Novel numerical decomposition approaches for multiscale combustion and kinetic models（《用于多尺度燃烧和动力学模型的新型数值分解方法》）. Journal of Physics：Conference Series – International Workshop on Hysteresis & Multi – Scale Asymptotics 22：29
3	5	**Gol'dshtein V，1999.** A spatially uniform model of self – ignition due to combustible fluid leakage in insulation materials：The effect of initial conditions（《保温材料中可燃液体泄漏引起自燃的空间均匀模型：初始条件的影响》）. SIAM Journal on Applied Mathematics，59：16
4	5	**Sazhin S，2005.** Modelling of heating, evaporation and ignition of fuel droplets：Combined analytical, asymptotic and numerical analysis（《燃料液滴的加热、蒸发和点燃建模：综合分析、渐变和数值分析》）. Journal of Physics：Conference Series – International Workshop on Hysteresis & Multi – Scale Asymptotics

4.4　研究演化与新兴趋势

在热爆炸的文献共被引网络中，红色节点表示通过克林伯格突发性探测方法识别的具有突变特征的论文（Kleinberg，2003）。这些红色的填充，表明了热爆炸研究前沿的脚印。从被引角度来看，这些论文表征了对应研究领域的活跃度。通过突发性探测，识别得到了 71 篇具有突发性特征的研究论文，如图 4－11 所示。网络图中的突发性节点的分布，直接在空间上展示了热爆炸的研究趋势及其新兴趋势。图 4－12 更加详细地展示了在时间特征上的热爆炸的演化特征。在所有的热爆炸研究被引的突发性文献中，提取突显性最强的10篇论文，如表4-13所示。

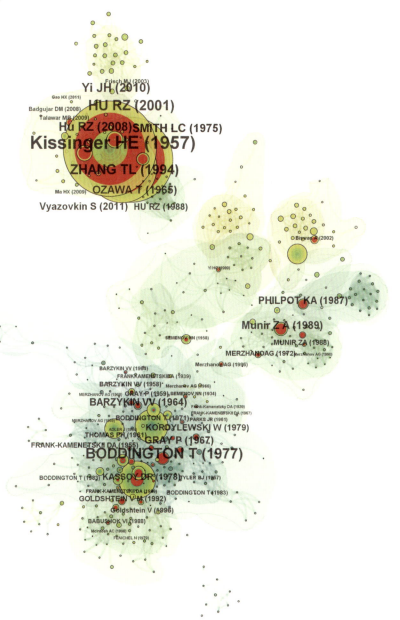

图4-11 热爆炸研究文献共被引网络的引文突显分布

表 4-13 被引突显性排名前 10 的热爆炸基础论文

序号	文献详细内容	突显强度
1	**Kissinger H E, 1957**. Reaction kinetics in differential thermal analysis（《微分热分析中的反应动力学》）. Anal Chem, 24：1702	22.875
2	**Boddington T, 1977**. Criteria for thermal explosions with and without reactant consumption（《有反应物消耗和无反应物消耗的热爆炸标准》）. P Roy Soc Lond a Mat, 357：403	18.7344
3	**Hu R Z（胡荣祖），2001**. Thermal anal kinetic（《热分析动力学》科学出版社，著作）	18.1631
4	**Zhang T L（张同来），1994**. The estimation of critical temperatures of thermal explosion for energetic materials using non-isothermal DSC（《利用非等温 DSC 对高能材料热爆炸临界温度的估算》）. Thermochim Acta, 244：171	17.338
5	**Yi J H（仪建华），2010**. Thermal behaviors, nonisothermal decomposition reaction kinetics, thermal safety and burning rates of BTATz-CMDB propellant（《BTATz-CMDB 推进剂的热行为、非等温分解反应动力学、热安全和燃烧率》）. Journal of Hazardous Materials, 181：432	15.5606
6	**Hu R Z（胡荣祖），2008**. Thermal anal kinetic（《热分析动力学》科学出版社）	15.5029
7	**Smith L C, 1975**. An approximate solution of the adiabatic explosion problem（《绝热爆炸问题的近似解法》）. Thermochim Acta, 13：1	14.8303
8	**Ozawa T, 1965**. A new method of analyzing thermogravimetric data（《一种分析热重数据的新方法》）. B Chem Soc Jpn, 38：1881	14.39

续表

序号	文献详细内容	突显强度
9	**Xu K Z（徐抗震），2008**. Thermal behavior, specific heat capacity and adiabatic time‐to‐explosion of G (FOX‐7)（《G (FOX‐7) 的热学行为、比热容和绝热爆炸时间》）. J Hazard Mater, 158：333	14.206
10	**Munir Z A, 1989**. Self‐propagating exothermic reactions：The synthesis of high‐temperature materials by combustion（《自蔓延的放热反应：通过燃烧合成高温材料》）. Material Science Reports, 3：277	13.8585

通过对热爆炸文献的突显性分析，得到了在引文历史中存在引用次数出现突变的研究论文。在研究初期，热爆炸基础理论的研究受到了广泛的关注，早期的很多代表性论文都出现了引文突显的情况。近年来，主题涉及"热行为"和"晶体结构"的施引文献所对应的知识基础论文获得了高的引文次数，是热爆炸研究关注的前沿领域。这里新兴趋势和共被引聚类时间特征所呈现的趋势一致，但突发性的结果更加印证了该领域的活跃性与前沿性。

4.5 本章小结

本章通过对热爆炸研究论文的文献共被引网络聚类以及被引文献的突发性探测，对热爆炸的知识域和演化进行了分析。

（1）热爆炸经过长期的发展，在不同时期产生高被引论文，这些高被引论文在一定程度上深刻地影响了热爆炸的研究。例如，在热爆炸研究中，通过被引频次作为指标所识别的经典文献成果有 Kissinger H E (1957)、Ozawa T (1965)、Zhang T L (张同来，1994)、Semonov N N (1928)、Frank‐Kamenetskii D A (1969) 以及 Hu R Z (胡荣祖，2008) 等，这些作者的研究成果极大地推动了热爆炸的研究。

（2）文献的共被引网络呈现了热爆炸研究的知识基础与研究前沿，

共被引网络的时间属性则反映了热爆炸的演化。热爆炸文献共被引网络呈现了研究的演化过程。早期以苏联学者谢苗诺夫（Semenov N N）、Frank – Kamenetskii D A 等以及英国学者 Boddington T 为主的热爆炸的理论研究为主。经过近一个世纪的发展，目前的学者更多地借助基础理论在从事实验性的研究，如材料的热行为、热分解等。

（3）通过文献的被引突变探测发现，在文献共被引网络中，热爆炸理论研究的群落和涉及晶体结构和热行为的群落研究活跃。进一步分析发现，热爆炸理论领域的文献的突变是早期被引形成的，而晶体结构和热行为的被引是近期被引形成的。晶体结构和热行为近期受到了学界的特别关注，是目前热爆炸研究的前沿领域。

5 总结与展望

热爆炸整体学术演进历史的研究对学术界认识热爆炸的学术源流有重要价值。以往的热爆炸演进的分析主要以学者的综述性总结为主。这些综述性总结为我们提供了认识热爆炸在某一时期、某一热爆炸方向研究的概况,勾勒了热爆炸的短暂研究态势。

如何能全面地呈现热爆炸研究演进的情况,勾勒出相对完整的热爆炸研究图景,是本研究要回答的核心问题。为了回答这一问题,本研究以热爆炸研究所积累的国际 SCI 论文为基础,通过绘制学术地图的方式,挖掘和呈现了三个维度的热爆炸研究态势图。

(1) 热爆炸研究中的学者是热爆炸知识生产的主体,是热爆炸研究的直接参与者。本研究系统地提取和挖掘了在热爆炸研究中的核心产出者以及核心产出者所构成的学术共同体的合作关系网络。在整个时间跨度中,国际热爆炸的学者组成了若干学术群落,以来自苏联(俄罗斯)科学院和英国利兹大学的热爆炸理论研究团队,以及我国的西安近代化学研究所、西北大学、北京理工大学、云林科技大学的团队为代表。我国学者在热爆炸合作研究中产出表现突出。在论文产出大于 20 篇的 17 位学者中,来自我国的学者就有 12 位(包含一位来自我国台湾的学者)。其中,包括来自我国西安现代化学研究所的赵凤起、胡荣祖、高红旭以及王伯周;西北大学的宋纪蓉、徐抗震、马海霞以及高胜利;北京理工大学的张同来、杨利和张建国。我国学者在整个热爆炸的研究中,系统性地参与和见证了热爆炸的研究。来自西安的机构主要发源于苏联,由一批留苏的学者引进;北京的分支由我国的热爆炸理论研究学者冯长根从英国利兹大学引入。

热爆炸研究中的高被引学者是热爆炸研究中核心基础知识的贡献者，他们之所以被频繁地引用，是因为他们的成果成为热爆炸后续研究的基础。在这些高被引学者中，早期活跃的学者主要有来自苏联的 Semenov N N、Frank-Kamenetskii D A、Merzhanov A G 以及 Barzykin V V，来自英国利兹大学的 Boddington T、Gray P 和 Feng Chang-Gen（冯长根）等，英国火灾研究站的 Thomas P H，他们为热爆炸理论体系的建立做出了重大贡献。在热爆炸研究的中期，我国也产生了一批高被引学者，代表学者有来自西安近代化学研究所的胡荣祖、北京理工大学的张同来、西安近代化学研究所的高红旭等。作者的共被引网络显示，在对晶体结构（Crystal Structure）的研究中，早期从事热爆炸基础理论的学者发挥了重要作用。在热分解（Thermal Decomposition）的研究中，Kissinger H E、Ozawa T、Hu R Z（胡荣祖）以及 Zhang T L（张同来）的研究被广泛引用。在燃烧合成（Combustion Synthesis）的研究中，Moore J J、Yeh C L、Filimonov V Y 以及 Biswas A 则有重要的影响。

（2）热爆炸研究中的主题直接反映了热爆炸主体所从事的研究内容，典型的聚类及其分布则直接反映了热爆炸领域的热点领域。目前热爆炸的研究主题区块主要分为四个部分，按照研究主题的规模依次为：热爆炸理论基础研究；热合成；含能材料、晶体结构与热行为；热分解的研究。在整体主题图中，Combustion Synthesis（燃烧合成）、Kinetic（动力学）、Decomposition（分解）、Crystal Structure（晶体结构）、Mechanism（机理）、Microstructure（微结构）、High-Temperature Synthesis（高温合成）、Energetic Material（含能材料）、Thermal Behavior（热行为）、Self-Propagating High Temperature Synthesis（SHS，自蔓延式高温合成）以及 Thermal Decomposition（热分解）是热爆炸的研究热点。

关键词的时间趋势反映了不同时代学术共同体对热爆炸的不同关注。热爆炸关键词时间趋势的结果显示，在整个热爆炸的热点主题群中，近期活跃的主题群为含能材料、晶体结构与热行为的研究。关键词的影响力分析结果显示，热合成领域的主题的影响力普遍较高，即研究主题涉及热合成的论文的平均被引频次要更高。此外，在四个聚类中，热分解的影响力也表现突出。热爆炸理论基础的研究具有最悠久的历史，但涉及主题的影响力并不高，主要是因为当热爆炸理论建构完成后，相关领域的论文发表也越来越少，被主题被引用的次数自然会比较少。在主题类群中，含能材料、晶体结构与热行为是近期活跃的热爆炸领域，论文在累计引用次数上较少，因此涉及主题的整体影响力就会偏低。

（3）热爆炸研究论文是热爆炸成果的最小知识单元，一篇论文承载了研究主体在相关研究主题方向深入而系统的工作。在本研究中，对热爆炸研究的高影响力论文及其构成的文献共被引网络进行了分析。结果显示，在热爆炸的历史长河中，有一批重要文献为热爆炸的后期研究和发展提供了基础，包含了大量对热爆炸理论作出开创新工作的成果。例如：Semonov N N 在 1928 年发表的《燃烧过程理论》开创了热爆炸理论，其博士生 Frank – Kamenetskii D A 于 1969 年对他的理论进行了完善，并提出了被后世命名的 Frank – Kamenetskii 理论。在论文单篇被引不少于 30 次的论文中共有 6 篇来自我国的论文：Zhang T L（张同来，1994）、Hu R Z（胡荣祖，1998，2001，2008）、Yi J H（仪建华，2010）以及 Xu K Z（徐抗震，2008）。在热爆炸领域中，我国知名热化学学者胡荣祖的著作《热分析动力学》得到了广泛引用，对热爆炸的研究产生了重要影响。

热爆炸的共被引网络进一步揭示了各个子研究领域的知识基础及其对应的前沿主题与研究论文。在长期的发展过程中，热爆炸已经实现了从理论向实践的过渡。对热爆炸新兴趋势的探测结果发现，热爆炸当前的前沿主要集中热行为和晶体结构相关的主题领域。Kissinger H E（1957）、Zhang T L（1994）、Hu R Z（2001，2008）以及 Yi J H（2010）的论著也成为新兴热点的研究基础文献，在近年来广泛引用。

最后，本研究在不同维度上对热爆炸研究的演进从作者、主题和文献层面进行了全面的分析和解读。为了更加深入地明晰热爆炸的主要脉络和研究传承的本质，在今后的研究中需要进一步使用学术链的思维方法来萃取其核心发展主干。

附录 1　热爆炸研究中的高被引施引文献

注：被引频次统计源自 Web of Science，表中文献被引频次不少于 50 次（统计时间：2020 年 10 月）。

序号	第一作者	标题	期刊	年份	被引频次
1	Zhang T L	The estimation of critical temperatures of thermal explosion for energetic materials using non-isothermal DSC	Thermochimica Acta	1994	283
2	Vallauri D	TiC–TiB$_2$ composites: A review of phase relationships, processing and properties	Journal of the European Ceramic Society	2008	277
3	Varma A	Combustion synthesis of advanced materials	Chemical Engineering Science	1992	235
4	Chambre P L	On the solution of the Poisson–Boltzmann equation with application to the theory of thermal explosions	Journal of Chemical Physics	1952	222
5	Gu X J	Modes of reaction front propagation from hot spots	Combustion and Flame	2003	169
6	Letfullin R R	Laser-induced explosion of gold nanoparticles: Potential role for nanophotothermolysis of cancer	Nanomedicine	2006	152
7	Adler J	Critical conditions in thermal explosion theory with reactant consumption	Combustion and Flame	1964	146

续表

序号	第一作者	标题	期刊	年份	被引频次
8	Zimanowski B	Quantitative experiments on phreatomagmatic explosions	*Journal of Volcanology and Geothermal Research*	1991	129
9	Frank-Kamenetskii D A	Calculation of thermal explosion limits	*Acta Physicochimica URSS*	1939	123
10	Morbidelli M	A generalized criterion for parametric sensitivity – application to thermal – explosion theory	*Chemical Engineering Science*	1988	120
11	Boddington T	Criteria for thermal explosions with and without reactant consumption	*Proceedings of the Royal Society of London Series A: Mathematical Physical and Engineering Sciences*	1977	111
12	Tarver C M	Thermal decomposition models for HMX – based plastic bonded explosives	*Combustion and Flame*	2004	110
13	Saidi A	Characteristics of the combustion synthesis of TiC and Fe – TiC composites	*Journal of Materials Science*	1994	110
14	Zhu P	Reaction mechanism of combustion synthesis of NiAl	*Materials Science and Engineering A: Structural Materials Properties Microstructure and Processing*	2002	109

续表

序号	第一作者	标题	期刊	年份	被引频次
15	Biswas A	Porous NiAl by thermal explosion mode of SHS: Processing, mechanism and generation of single phase microstructure	Acta Materialia	2005	107
16	Liu G H	Combustion synthesis of refractory and hard materials: A review	International Journal of Refractory Metals and Hard Materials	2013	107
17	Chen C S	The method of fundamental - solutions for nonlinear thermal explosions	Communications in Numerical Methods in Engineering	1995	103
18	Biswas A	A study of self - propagating high - temperature synthesis of Porous NiAl by thermal explosion mode of SHS: processing, mechanism and generation of single phase microstructure in thermal explosion mode	Acta Materialia	2002	103
19	Wong J	Morphology and microstructure in fused silica induced by high fluence ultraviolet 3 omega (355 nm) laser pulses	Journal of Non - Crystalline Solids	2006	98
20	Levashov E A	Self - propagating high - temperature synthesis of advanced materials and coatings	International Materials Reviews	2017	97

续表

序号	第一作者	标题	期刊	年份	被引频次
21	Jhu C Y	Thermal explosion hazards on 18650 lithium ion batteries with a VSP2 adiabatic calorimeter	Journal of Hazardous Materials	2011	96
22	Bao L	3D graphene frameworks/Co_3O_4 composites electrode for high-performance supercapacitor and enzymeless glucose detection	Small	2017	95
23	Gotman I	Dense in situ TiB_2/TiN and TiB_2/TiC ceramic matrix composites: Reactive synthesis and properties	Materials Science and Engineering A: Structural Materials Properties Microstructure and Processing	1998	95
24	Horvitz D	In situ processing of dense Al_2O_3 – Ti aluminide interpenetrating phase composites	Journal of the European Ceramic Society	2002	95
25	Yi H C	Effect of heating rate on the combustion synthesis of Ti – Al intermetallic compounds	Journal of Materials Science	1992	94
26	Rogachev A S	Combustion of heterogeneousnanostructural systems (Review)	Combustion Explosion and Shock Waves	2010	91
27	Thiers L	Thermal explosion in Ni – Al system: Influence of reaction medium microstructure	Combustion and Flame	2002	89

附录1 热爆炸研究中的高被引施引文献

续表

序号	第一作者	标题	期刊	年份	被引频次
28	Morsi K	The diversity of combustion synthesis processing: A review	*Journal of Materials Science*	2012	87
29	Sazhina E M	A detailed modelling of the spray ignition process in diesel engines	*Combustion Science and Technology*	2000	87
30	Thomas P H	Effect of reactant consumption on induction period and critical condition for a thermal explosion	*Proceedings of the Royal Society of London Series A: Mathematical and Physical Sciences*	1961	83
31	Zaldivar J M	A general criterion to define runaway limits in chemical reactors	*Journal of Loss Prevention in the Process Industries*	2003	82
32	Strozzi F	On-line runaway detection in batch reactors using chaos theory techniques	*Aiche Journal*	1999	80
33	Manenkov A A	Fundamental mechanisms of laser-induced damage in optical materials: Today's state of understanding and problems	*Optical Engineering*	2014	80
34	Ai M X	Synthesis of Ti_3AlC_2 powders using Sn as an additive	*Journal of the American Ceramic Society*	2006	78

续表

序号	第一作者	标题	期刊	年份	被引频次
35	Kassoy D R	Influence of reactant consumption on critical conditions for homogeneous thermal explosions	Quarterly Journal of Mechanics and Applied Mathematics	1978	77
36	Stevens-Kalceff M A	Defects induced in fused silica by high fluence ultraviolet laser pulses at 355 nm	Applied Physics Letters	2002	77
37	Lebrat J P	Combustion synthesis of Ni_3Al and Ni_3Al-matrix composites	Metallurgical Transactions A: Physical Metallurgy and Materials Science	1992	77
38	Gao H X	Thermochemical properties, thermalbehavior and decomposition mechanism of 1,1-diamino-2,2-dinitroethylene (DADE)	Chinese Journal of Chemistry	2006	75
39	Whitney M	Investigation of the mechanisms of reactive sintering and combustion synthesis of NiTi using differential scanning calorimetry and microstructural analysis	Acta Materialia	2008	74
40	Botcher T R	Explosive thermal-decomposition mechanism of RDX	Journal of Physical Chemistry	1994	74
41	Bertolino N	Ignition mechanism in combustion synthesis of Ti-Al and Ti-Ni systems	Intermetallics	2003	74

续表

序号	第一作者	标题	期刊	年份	被引频次
42	Sazhin S S	Transient heating of diesel fuel droplets	International Journal of Heat and Mass Transfer	2004	71
43	Chen C L	In situ real-time investigation of cancer cell photothermolysis mediated by excited gold nanorod surface plasmons	Biomaterials	2010	71
44	White J D E	Thermal Explosion in Al-Ni System: Influence of Mechanical Activation	Journal of Physical Chemistry A	2009	70
45	Xu K Z	Thermal behavior, specific heat capacity and adiabatic time-to-explosion of G (FOX-7)	Journal of Hazardous Materials	2008	70
46	Yoo C S	Anisotropic shock sensitivity and detonation temperature of pentaerythritol tetranitrate single crystal	Journal of Applied Physics	2000	70
47	Gray P	Thermal explosions Part 1—Induction periods and temperature changes before spontaneous ignition	Transactions of the Faraday Society	1959	69
48	Merzhanov A G	On critical conditions for thermal explosion of a hot spot	Combustion and Flame	1966	69
49	Gunawan R	Thermal stability and kinetics of decomposition of ammonium nitrate in the presence of pyrite	Journal of Hazardous Materials	2009	69

续表

序号	第一作者	标题	期刊	年份	被引频次
50	Lagoudas D C	Processing and characterization of NiTi porous SMA by elevated pressure sintering	Journal of Intelligent Material Systems and Structures	2002	69
51	Biswas A	Comparison between the microstructural evolutions of two modes of SHS of NiAl: Key to a common reaction mechanism	Acta Materialia	2004	69
52	Fisher H G	Determination of self – accelerating decomposition temperatures for self – reactive substances	Journal of Loss Prevention in the Process Industries	1993	66
53	Varatharajan B	Chemical – kinetic descriptions of high – temperature ignition and detonation of acetylene – oxygen – diluent systems	Combustion and Flame	2001	66
54	Mukasyan A S	Dynamics of phase transformation during thermal explosion in the Al – Ni system: Influence of mechanical activation	Physica B – Condensed Matter	2010	63
55	Khoptiar Y	Ti_3AlC ternary carbide synthesized by thermal explosion	Materials Letters	2002	63
56	Merzhanov A G	Heat explosiontheory: From N N Semenov to the present time	Khimicheskaya Fizika	1996	62

续表

序号	第一作者	标题	期刊	年份	被引频次
57	Manukyan K V	Tailored Reactivity of Ni + Al Nanocomposites: Microstructural Correlations	*Journal of Physical Chemistry C*	2012	62
58	Kordylewski W	Critical parameters of thermal-explosion	*Combustion and Flame*	1979	59
59	Bunkin F V	Optical breakdown of gases induced by thermal explosion of suspended macroscopical particles	*Zhurnal Eksperimentalnoi I Teoreticheskoi Fiziki*	1973	59
60	Wise J H	How very massive metal-free stars start cosmological reionization	*Astrophysical Journal*	2008	59
61	Ma H X	Preparation, non-isothermal decomposition kinetics, heat capacity and adiabatic time-to-explosion of NTO center dot DNAZ	*Journal of Hazardous Materials*	2009	59
62	Bates L	Engine hot spots: Modes of auto-ignition and reaction propagation	*Combustion and Flame*	2016	59
63	Shteinberg A S	Kinetics of high temperature reaction in Ni-Al system: Influence of mechanical activation	*Journal of Physical Chemistry A*	2010	58

续表

序号	第一作者	标题	期刊	年份	被引频次
64	Balakrishnan K	A particular solution Trefftz method for non-linear Poisson problems in heat and mass transfer	Journal of Computational Physics	1999	58
65	Winey J M	UV-visible absorption spectroscopy to examine shock-induced decomposition in neat nitromethane	Journal of Physical Chemistry A	1997	57
66	Yen B K	Reaction synthesis of titanium silicides via self-propagating reaction kinetics	Journal of the American Ceramic Society	1998	54
67	Sheng L Y	Microstructure and mechanical properties of Ni_3Al fabricated by thermal explosion and hot extrusion	Intermetallics	2009	54
68	Chen K Y	Runaway reaction and thermal hazards simulation of cumene hydroperoxide by DSC	Journal of Loss Prevention in the Process Industries	2008	54
69	Klinger L	In situ processing of TiB_2/TiC ceramic composites by thermal explosion under pressure: Experimental study and modeling	Materials Science and Engineering A: Structural Materials Properties Microstructure and Processing	2001	53
70	Boddington T	Thermal explosions and the disappearance of criticality at small activation-energies-exact results for the slab	Proceedings of the Royal Society of London Series A: Mathematical Physical and Engineering Sciences	1979	53

续表

序号	第一作者	标题	期刊	年份	被引频次
71	Dong S S	Synthesis of intermetallic NiAl by SHS reaction using coarse-grained nickel and ultrafine-grained aluminum produced by wire electrical explosion	Intermetallics	2002	53
72	Travitzky N	Alumina-Ti aluminide interpenetrating composites: Microstructure and mechanical properties	Materials Letters	2003	52
73	Thomas P H	Some approximations in the theory of self-heating and thermal explosion	Transactions of the Faraday Society	1960	52
74	Fathollahi M	Particle size effects on thermal decomposition of energetic material	Journal of Energetic Materials	2008	52
75	Lee S H	Effect of heating rate on the combustion synthesis of intermetallics	Materials Science and Engineering A: Structural Materials Properties Microstructure and Processing	2000	51
76	Gutmanas E Y	Dense high-temperature ceramics by thermal explosion under pressure	Journal of the European Ceramic Society	1999	51

附录2 热爆炸研究中的高被引参考文献

注：被引频次源自所下载数据构成的数据库，被引频次不小于15次。

序号	第一作者	标题	年份	出版物	被引频次
1	Kissinger H E	Reaction kinetics in differential thermal analysis	1957	Analytical Chemistry	202
2	Ozawa T	A new method of analyzing thermogravimetric data	1965	Bulletin of the Chemical Society of Japan	179
3	Zhang T L	The estimation of critical temperatures of thermal explosion for energetic materials using non-isothermal DSC	1994	Thermochimica Acta	153
4	Semonov N N	On the theory of combustion processes	1928	Zeitschrift für Physik	104
5	Frank-Kamenetskii D A	Diffusion and heat exchange in chemical kinetics	1969	图书	87
6	Hu R Z	Thermal anal kinetic	2008	图书	72
7	Zeldovich Y B	The mathematical theory of combustion and explosions	1985	图书	56

续表

序号	第一作者	标题	年份	出版物	被引频次
8	Moore J J	Combustion synthesis of advanced materials: part I. Reaction parameters	1995	*Progress in Materials Science*	50
9	Hu R Z	Thermal anal kinetic	2001	图书	40
10	Smith L C	An approximate solution of the adiabatic explosion problem	1975	*Thermochimica Acta*	38
11	Frank-Kamenetskii D A	Temperature distribution in reaction vessel, and stationary theory of thermal explosion	1939	*Zhurnal Fizicheskoi Khimii*	38
12	Adler J	The critical conditions in thermal explosion theory with reactant consumption	1964	*Combustion and Flame*	37
13	Munir Z A	Self-propagating exothermic reactions: The synthesis of high-temperature materials by combustion	1989	*Materials Science Reports*	36
14	Kassoy D R	The influence of reactant consumption on the critical conditions for homogeneous thermal explosions	1978	*The Quarterly Journal of Mechanics and Applied Mathematics*	36
15	Yi J H	Thermal behaviors, nonisothermal decomposition reaction kinetics, thermal safety and burning rates of BTATz-CMDB propellant/BTATz-CMDB	2010	*Journal of Hazardous Materials*	35

续表

序号	第一作者	标题	年份	出版物	被引频次
16	Xu K Z	Thermal behavior, specific heat capacity and adiabatic time-to-explosion of G(FOX-7)	2008	Journal of Hazardous Materials	34
17	Boddington T	Criteria for thermal explosions with and without reactant consumption	1977	Proceedings of the Royal Society A	33
18	Vyazovkin S	ICTAC kinetics committee recommendations for performing kinetic computations on thermal analysis data	2011	Thermochimica Acta	33
19	Hu R Z	The determination of the most probable mechanism function and three kinetic parameters of exothermic decomposition reaction of energetic materials by a single non-isothermal DSC curve	1988	Thermochimica Acta	30
20	Chambre P L	On the solution of the Poisson–Boltzmann equation with application to the theory of thermal explosions	1952	The Journal of Chemical Physics	29
21	Philpot K A	An investigation of the synthesis of nickel aluminides through gasless combustion	1987	Journal of Materials Science	29

附录2 热爆炸研究中的高被引参考文献

续表

序号	第一作者	标题	年份	出版物	被引频次
22	Gao H X	Thermochemical properties, thermalbehavior and decomposition mechanism of 1,1-diamino-2,2-dinitroethylene (DADE)	2006	*Chinese Journal of Chemistry*	28
23	Frank-Kamenetskii D A	Diffusion and heat transfer in chemical kinetics (第2版)	1969	图书	28
24	Latypov N V	Synthesis and reactions of 1,1-diamino-2,2-dinitroethylene	1998	*Tetrahedron*	27
25	Semenov NN	Some problems of chemical kinetics and reactivity	1958	图书	26
26	Anniyappan M	Synthesis, characterization and thermolysis of 1,1-diamino-2,2-dinitroethylene (FOX-7) and its salts	2006	*Journal of Hazardous Materials*	26
27	Herve G	The reactivity of 1,1-diamino-2,2-dinitroethene (FOX-7)	2005	*Tetrahedron*	25
28	Morbidelli M	A generalized criterion for parametric sensitivity: Application to thermal explosion theory	1988	*Chemical Engineering Science*	24

续表

序号	第一作者	标题	年份	出版物	被引频次
29	Gol'dshtein V	Qualitative analysis of singularly perturbed systems of chemical kinetics, in singularity theory and some problems of functional analysis	1992	图书	24
30	Xu K Z	Specific heat capacity, thermodynamicproperties and adiabatic time-to-explosion of FOX-7	2007	*Acta Chimica Sinica*	23
31	Herve G	Novel illustrations of the specific reactivity of 1,1-diamino-2,2-dinitroethene (DADNE) leading to new unexpected compounds	2007	*Tetrahedron*	23
32	Rajappa S	Nitroenamines: Preparation, structure and synthetic potential	1981	*Tetrahedron*	23
33	Gray P	Thermal explosion theory	1967	图书章节	23
34	Fan X Z	Thermal behavior of 1,1-diamino-2,2-dinitroethylene	2007	*The Journal of Physical Chemistry A*	22
35	Barzykin V V	Unsteady theory of thermal explosion	1964	*Prikl. Mekh. Tekh. Fiz*	22

附录2 热爆炸研究中的高被引参考文献

续表

序号	第一作者	标题	年份	出版物	被引频次
36	Townsend D I	Thermal hazard evaluation by an accelerating rate calorimeter	1980	Thermochimica Acta	21
37	Ma H X	Preparation, non-isothermal decomposition kinetics, heat capacity and adiabatic time-to-explosion of NTO·DNAZ	2009	Journal of Hazardous Materials	19
38	Munir Z A	Synthesis of high temperature materials by self-propagating combustion methods	1988	American Ceramic Society bulletin	19
39	Talawar M B	Environmentally compatible next generation green energetic materials (GEMs)	2009	Journal of Hazardous Materials	19
40	Majano G	Confined detection of high-energy-density materials	2007	The Journal of Physical Chemistry C	19
41	Thomas P H	Effect of reactant consumption on the induction period and critical condition for a thermal explosion	1961	Proceedings of the Royal Society A	19
42	Gol'dshtein V	Criterion for thermal explosion with reactant consumption in a dusty gas	1996	Proceedings of the Royal Society A	19

· 113 ·

续表

序号	第一作者	标题	年份	出版物	被引频次
43	Merzhanov A G	Self-propagated high-temperature synthesis of refractory inorganic compounds	1972	Doklady Akademii Nauk SSSR	19
44	Kordylewski W	Critical parameters of thermal explosion	1979	Combustion and Flame	18
45	Boddington T	Thermal explosions with extensive reactant consumption: A new criterion for criticality	1983	Proceedings of the Royal Society A	18
46	Biswas A	A study of self-propagating high-temperature synthesis of NiAl in thermal explosion mode	2002	Acta Materialia	18
47	Chang C R	Preparation, crystal structure and theoretical calculation of 1-amino-1-hydrazino-2,2-dinitroethylene	2008	Acta Chimica Sinica	18
48	Tarver C M	Thermal decomposition models for HMX-based plastic bonded explosives	2004	Combustion and Flame	17
49	Babushok V I	Structure of the thermal explosion limit	1988	Combustion and Flame	17
50	Cai H Q	Study on synthesis of FOX-7 and its reaction mechanism	2004	Acta Chimica Sinica	17

附录2 热爆炸研究中的高被引参考文献

续表

序号	第一作者	标题	年份	出版物	被引频次
51	Ji G F	The theoretical study on structure and property of diaminodinitroethylene	2001	*Acta Chimica Sinica*	17
52	Gindulyte A	Proposed mechanism of 1,1–diamino–dinitroethylene decomposition: A density functional theory study	1999	*The Journal of Physical Chemistry A*	17
53	Xu K Z	Molecular structure, theoreticalcalculation and thermal behavior of 2–(1,1–dinitromethylene)–1,3–diazepentane	2008	*Journal of Molecular Structure*	17
54	Bemm U	1,1–diamino–2,2–dinitroethylene: A novel energetic material with infinite layers in two dimensions	1998	*Acta Crystallographica Section C: Structural Chemistry*	17
55	Frank–Kamenetskii D A	Diffusion and heat transfer in chemical kinetics	1987	图书	16
56	Frisch M I	Gaussian 03, revision b. 01	2003	其他	16

· 115 ·

续表

序号	第一作者	标题	年份	出版物	被引频次
57	Merzhanov A G	Theory of thermal explosion: From Semenov to our days	1996	*Khimicheskaya Fizika*	16
58	Li Z M	Synthesis, crystal structure, thermal decomposition, and non-isothermal reaction kinetic analysis of an energetic complex: $[Mg(CHZ)_3](ClO_4)_2$ (CHZ = carbohydrazide)	2012	*Journal of Coordination Chemistry*	16
59	Badgujar D M	Advances in science and technology of modern energetic materials: An overview	2008	*Journal of Hazardous Materials*	16
60	Wang Z	Highly porous open cellular TiAl-based intermetallics fabricated by thermal explosion with space holder process	2016	*Intermetallics*	16
61	Boddington T	Thermal theory of spontaneous ignition: Criticality in bodies of arbitrary shape	1971	*Proceedings of the Royal Society A*	16
62	Frank-Kamenetskii D A	Diffusion and heat exchange in chemical kinetics	1955	图书	16

续表

序号	第一作者	标题	年份	出版物	被引频次
63	Thomas P H	On the thermal conduction equation for self – heating materials with surface cooling	1958	*Transactions of the Faraday Society*	16
64	Trzcinski W A	Detonation properties of 1, 1 – diamino – 2, 2 – dinitroethene (DADNE)	2006	*Journal of Hazardous Materials*	16
65	Buszewski B	High performance liquid chromatography of 1, 1 – diamino – 2, 2 – dinitroethene and some intermediate products of its synthesis	2009	*Journal of Hazardous Materials*	15

参考文献

ADLER J, ENIG J W, 1964. The critical conditions in thermal explosion theory with reactant consumption [J]. Combustion and Flame, 8 (2): 97-103.

ARIEL XU Q W, CHANG V, 2020. Co-authorship network and the correlation with academic performance [J]. Internet of Things, 12 (prepublish).

BEAVER D, ROSEN R, 1978. Studies in scientific collaboration [J]. Scientometrics, 1 (1): 65-84.

BEAVER D, ROSEN R, 1979a. Studies in scientific collaboration [J]. Scientometrics, 1 (2): 133-149.

BEAVER D, ROSEN R, 1979b. Studies in scientific collaboration PartIII: Professionalization and the natural history of modern scientific co-authorship [J]. Scientometrics, 1 (3): 231-245.

CALLON M, COURTIAL J P, LAVILLE F, 1991. Co-word analysis as a tool for describing the network of interactions between basic and technological research: The case of polymer chemistry [J]. Scientometrics, 22 (1): 155-205.

CHEN C, 2006. CiteSpace II: Detecting and visualizing emerging trends and transient patterns in scientific literature [J]. Journal of the American Society for Information Science and Technology, 57 (3): 359-377.

CHEN C, IBEKWE-SANJUAN F, HOU J, 2010. The structure and dynamics of co-citation clusters: A multiple-perspective co-citation analysis [J].

Journal of the Association for Information Science and Technology, 61 (7): 1386-1409.

CHEN C, LEYDESDORFF L, 2014. Patterns of connections and movements in dual-map overlays: A new method of publication portfolio analysis [J]. Journal of the Association for Information Science and Technology, 65 (2): 334-351.

CHOI M, LEE H, ZOO H, 2021. Scientific knowledge production and research collaboration between Australia and South Korea: Patterns and dynamics based on co-authorship [J]. Scientometrics, 126: 683-706.

DE SOLLA PRICE D J, 1963. Little science, big science [M]. New York: Columbia University Press.

VAN ECK N J, WALTMAN L, DEKKER R, et al, 2010a. A comparison of two techniques for bibliometric mapping: Multidimensional scaling and VOS [J]. Journal of the American Society for Information Science and Technology, 61 (12): 2405-2416.

VAN ECK N J, WALTMAN L, 2010b. Software survey: VOSviewer, a computer program for bibliometric mapping [J]. Entometrics, 84 (2): 523-538.

FRANK-KAMENETSKII D A, 1969. Diffusion and heat transfer in chemical kinetics [M]. 2nd ed. New York: Plenum.

HE Q, 1999. Knowledge discovery through co-word analysis [J]. Library Trends, 48 (1): 133-159.

KASSOY D R, LIÑAN A, 1978. The influence of reactant consumption on the critical conditions for homogeneous thermal explosions [J]. The Quarterly Journal of Mechanics and Applied Mathematics, 31 (1): 99-112.

KISSINGER H E, 1957. Reaction kinetics in differential thermal analysis [J]. Analytical Chemistry, 29 (11): 1702-1706.

KLEINBERG J, 2002. Bursty and hierarchical structure in streams [J]. Data Mining and Knowledge Discovery, 7 (4): 373-397.

LEYDESDORFF L, RAFOLS I, CHEN C, 2013. Interactive overlays of journals and the measurement of inter disciplinarity on the basis of aggregated journal – journal citations [J]. Journal of the American Society for Information Science and Technology, 64 (12): 2573 – 2586.

LOTKA A J, 1926. The frequency distribution of scientific productivity [J]. Journal of the Washington Academy of Sciences, 16 (12): 317 – 323.

NEWMAN M E J, 2001. The structure of scientific collaboration networks [J]. Proceedings of the National Academy of Sciences, 98 (2): 404 – 409.

OZAWA T, 1965. A new method of analyzing thermogravimetric data [J]. Bulletin of the Chemical Society of Japan, 38 (11): 1881 – 1886.

ROUSSEEUW P J, 1987. Silhouettes: A graphical aid to the interpretation and validation of cluster analysis [J]. Journal of Computational and Applied Mathematics, 20: 53 – 65.

SEMENOV N N, 1928. Zur theorie des verbrennung sprozesses [J]. Zeitschrift für Physik, 48 (7): 571 – 582.

SHOUMAN A R, 2006. A review of one aspect of the thermal – explosion theory [J]. Journal of Engineering Mathematics, 56 (2): 179 – 184.

SMALL H. Co – Citation in the scientific literature: A new measure of the relationship between two documents [J]. Journal of the American Society for Information Science, 1973, 24: 265 – 269.

SMILOWITZ L, HENSON B F, ROMERO J J, et al, 2012a. The evolution of solid density within a thermal explosion II. Dynamic proton radiography of cracking and solid consumption by burning [J]. Journal of Applied Physics, 111: 103516.

SMILOWITZ L, HENSON B F, ROMERO J J, et al, 2012b. The evolution of solid density within a thermal explosion. I. Proton radiography of pre – ignition expansion, material motion, and chemical decomposition [J]. Journal of Applied Physics, 111 (10): 3780 – 3788.

SMITH L C, 1975. An approximate solution of the adiabatic explosion problem [J]. Thermochimica Acta, 13 (1): 1 – 6.

VALDERAS J M, 2007. Why do team – authored papers get cited more? [J]. Science, 317 (5844): 1496 – 1498.

VAN'T HOFF M J H, 1884. Etudes de dynamique chimique [J]. Recueil des Travaux Chimiques des Pays – Bas, 3 (10): 333 – 336.

WALTMAN L, VAN ECK N J, NOYONS E C M, 2010. A unified approach to mapping and clustering of bibliometric networks [J]. Journal of Informetrics, 4 (4): 629 – 635.

WHITE H D, GRIFFITH B C, 1981. Author co – citation: A literature measure of intellectual structure [J]. Journal of the American Society for Information Science, 32: 163 – 172.

WUCHTY S, JONES B F, UZZI B, 2007. The increasing dominance of teams in production of knowledge [J]. Science, 316 (5827): 1036 – 1039.

ZELDOVICH Y B, BARENBLATT G I, LIBROVICH V B, et al, 1985. The mathematical theory of combustion and explosion [M]. New York: Consultants Bureau.

ZHANG T L, HU R Z, XIE Y, et al, 1994. The estimation of critical temperatures of thermal explosion for energetic materials using non – isothermal DSC [J]. Thermochimica Acta, 244 (3): 171 – 176.

冯长根, 1988. 热爆炸理论 [M]. 北京: 科学出版社.

冯长根, 1990. 热点火理论 [M]. 北京: 科学出版社.

冯长根, 2015. 怎样撰写博士论文 [M]. 北京: 科学出版社.

胡荣祖, 史启祯, 高胜利, 等, 2008. 热分析动力学 [M]. 2版. 北京: 科学出版社.

李杰, 2018. 科学知识图谱原理及应用——VOSviewer 与 CitNetExplorer 初学者指南 [M]. 北京: 高等教育出版社.

李杰, 陈超美, 2016. CiteSpace 科技文本挖掘及可视化 [M]. 北京: 首都经济贸易大学出版社.

李杰, 陈伟炯, 冯长根, 2018. 安全科学学术地图（综合卷）[M]. 上海: 上海教育出版社.

李杰, 冯长根, 陈伟炯, 2020a. 安全科学学术地图（火灾卷）[M]. 北京: 科学出版社.

李杰, 冯长根, 甘强, 等, 2021. 热爆炸研究的主题聚类、趋势与影响 [J]. 安全与环境学报, 21 (1): 442 – 447.

李杰，冯长根，李生才，等，2020b. 热爆炸知识域与演化分析 [J]. 安全与环境学报，20（5）：2018-2023.

李杰，李生才，甘强，2020c. 热爆炸学者的学术群演化 [J]. 安全与环境学报，20（4）：1596-1601.

刘则渊，2012. 科学合作最佳规模现象的发现 [J]. 科学学研究，30（4）：481-486.

尚海茹，冯长根，孙良，2016. 用学术影响力评价学术论文——兼论关于学术传承效应和长期引用的两个新指标 [J]. 科学通报，61（26）：2853-2860.

滕立，2012. 基于知识单元的科学发现链式结构研究 [D]. 大连：大连理工大学.

赵红洲，蒋国华，1984. 知识单元与指数规律 [J]. 科学学与科学技术管理，9：39-41.

朱自强，1964. 热自燃稳定理论及其应用 [J]. 化学通报，11：50-54.